Arduino Grove ではじめる
カンタン電子工作

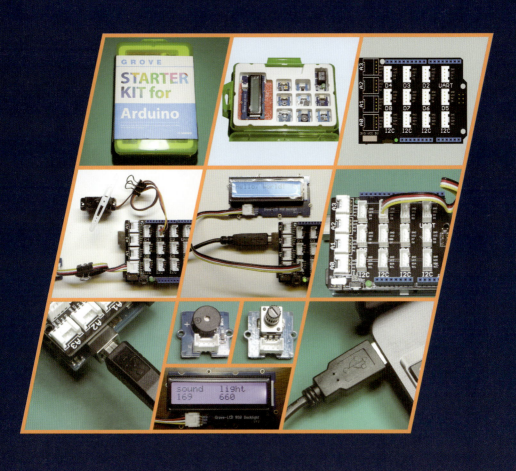

はじめに

　「Arduino」は、それ自体に「CPU」「メモリ」「入出力回路」など、コンピュータとして必要な「部品」が揃ったキットです。
　しかし、「Arduino」だけでは、ほとんど何もできません。
　「Arduino」は、人間にたとえるなら『頭脳』です。人間のように何かするためには、「モノを見るための『目』となるセンサ」だったり、「モノを動かすための『手足』となるようなモータ」といった「部品」が必要です。

　そうした「部品」を「Arduino」に接続するには、導線で配線しなければなりません。電子部品であるため、正しく配線することはもちろん、ときには、「抵抗器」などの部品も取り付けなければなりません。半田付けが必要なこともあります。
　そのため「Arduino」を新たに使う人の多くは、「どこに何をつないでいいのか分からない」ということになりがちです。

＊

　本書の主題である「Arduino Grove」は、この問題を解決します。
　「Arduino Grove」は、すべての部品を小さな基板に納めて、Arduinoと「ケーブル1本でつなぐだけ」で取り付けられることを実現した「電子工作キット」です。
　まさに「部品」をブロックとして組み合わせるように、簡単に接続できます。コネクタには「A0」「A1」、「D3」「D4」、「I2C」…などのようにラベルが付いているので、取り付けで迷う心配もありません。

　本書は、この「Arduino Grove」を使って、「Arduino」の世界を学んでいきます。
　プログラミングをしていくので、どうしても最初は、読んだだけではよく分からないこともあるかもしれません。
　でも、組み立てて動かしていくことで、初めて理解できることもあります。
　実際に、組み立てながら一緒に学んでいきましょう。

浅居 尚・大澤 文孝

Photo Index

本書では、Arduino Groveとさまざまな「センサ」や「モータ」などを使った電子工作を紹介しています。詳細については、各画像の下に示すページをご覧ください。

第1章 「Arduino Grove」で遊ぼう

図1-3 Arduino Uno
（→ p.18）

図1-7 Grove-Starter Kit for Arduino
（→ p.20）

図1-8 ベース・シールド
（→ p.21）

図1-9 さまざまなGroveモジュール
（→ p.21）

第2章 「LEDモジュール」で基本を学ぼう

図2-5 ベース・シールドをArduinoに取り付ける（→ p.27）

図2-6 LEDモジュール
（→ p.28）

図2-7 同梱されている3色のLED
（→ p.28）

図2-8 LEDを「LEDモジュール」に取り付ける（「+」のマークに注意）
（→ p.29）

「ボタン」や「タッチ・センサ」を使ってみよう（第3章）

図2-9 「フラットケーブル」を装着する
（→ p.30）

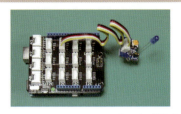

図2-10 ベース・シールドの「D3」に接続する
（→ p.30）

図2-16 ArduinoにUSBケーブルを接続する
（→ p.35）

図2-17 パソコンに、そのUSBケーブルの反対側を接続する
（→ p.36）

第3章 「ボタン」や「タッチ・センサ」を使ってみよう

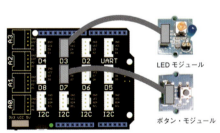

ボタン・モジュールのボタンを押すとLEDが点き、離すと消える。
図3-1 この章で作るもの（→ p.50）

図3-2 ボタン・モジュール
（→ p.51）

図3-4 タッチセンサ・モジュール
（→ p.59）

Color Index

第4章　ボタンが押されたかをパソコンに表示しよう

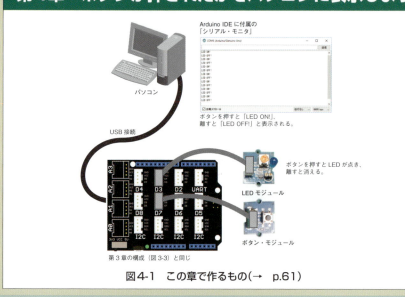

図4-1　この章で作るもの（→ p.61）

第5章　「ブザー」を使ってメロディを演奏しよう

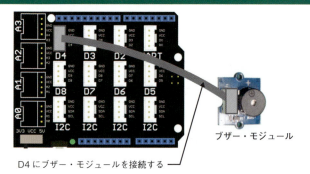

図5-2　「ブザー・モジュール」を「D4」コネクタに取り付ける（→ p.75）

図5-1　ブザー・モジュール（→ p.74）

「リレー」を使ってみよう（第6章）

第6章 「リレー」を使ってみよう

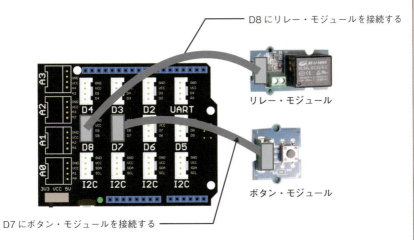

図6-4　ボタン・モジュールとリレー・モジュールを接続する（→　p.83）

図6-1　リレー・モジュール（→　p.80）

図6-A　リレー・モジュールの緑の部品に配線する（→　p.85）

Color Index

第7章 「回転角度モジュール」を使ってみよう

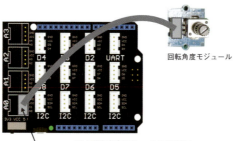

A0に回転角度モジュールを接続する

図7-2 回転角度モジュールを「A0コネクタ」に接続する(→ p.92)

図7-1 回転角度モジュール(→ p.91)

第8章 「音センサ」を使ってみよう

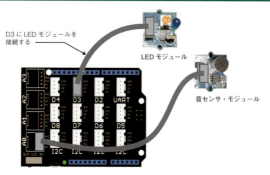

D3にLEDモジュールを接続する

LEDモジュール

音センサ・モジュール

図8-4 D3コネクタにLEDモジュールを接続する(→ p.101)

図8-1 音センサ・モジュール(→ p.97)

「温度センサ」を使ってみよう（第10章）

第9章 「光センサ」を使ってみよう

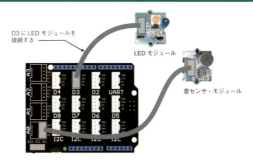

図9-3　D3コネクタにLEDモジュールを接続する（→　p.107）

図9-1　光センサ・モジュール（→　p.104）

第10章 「温度センサ」を使ってみよう

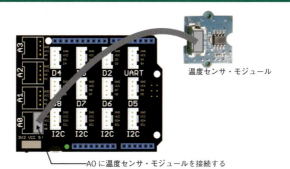

図10-2　温度センサ・モジュールを接続する（→　p.110）

図10-1　温度センサ・モジュール（→　p.109）

第11章 「サーボモータ」を使ってみよう

図11-1 回転角度モジュールを回すと、サーボモータが同じだけ動く(→ p.117)

図11-2 サーボモータ(→ p.117)

図11-3 十字のパーツ(→ p.118)

第12章 「LCD」に「文字を表示」してみよう

図12-2 「Hello, World!」と表示したところ(→ p.127)

図12-1 LCDモジュール(→ p.126)

図12-7 音の大きさと明るさをLCDに表示する(→ p.133)

オモチャを作ろう（第13章）

第13章　オモチャを作ろう

図13-1　音が鳴ると、台の上のネコ（ニャントラボルタ）が踊る！（→　p.139）

図13-4　音センサ・モジュールを取り付ける（→　p.150）

図13-5　飾り付けする（→　p.151）

図13-6　人形を造形する（→　p.152）

図13-7　服を着せる（→　p.153）

Arduino Grove ではじめる カンタン電子工作

CONTENTS

はじめに ……………………………………………………………………………………… 3
Color Index ………………………………………………………………………………… 4

基本編

第1章　「Arduino Grove」で遊ぼう

[1-1]　「Arduino」とは ………………… 16
[1-2]　「Arduino Grove」とは ………… 18
[1-3]　これからはじめる人のための
　　　　「スターター・キット」…… 20
[1-4]　本書を読み進めるのに必要なもの … 23

第2章　「LEDモジュール」で基本を学ぼう

[2-1]　「LEDモジュール」を使う ………… 24
[2-2]　「ベース・シールド」を取り付ける … 25
[2-3]　「LEDモジュール」を
　　　　「ベース・シールド」に接続 …… 28
[2-4]　LEDを"チカチカ"する
　　　　プログラムを作る …………… 31
[2-5]　Arduinoに書き込んで実行する … 35
[2-6]　「Arduinoプログラム」の
　　　　基本的な仕組み ……………… 38
[2-7]　Arduinoを使った
　　　　電子工作の注意点 …………… 44

デジタル編

第3章　「ボタン」や「タッチ・センサ」を使ってみよう

[3-1]　「ボタン・モジュール」と
　　　　「タッチセンサ・モジュール」… 50
[3-2]　「ボタン・モジュール」を接続する … 51
[3-3]　ボタンが押されたどうかを
　　　　判定するスケッチ …… 52
[3-4]　「タッチ・センサ」を使ってみよう … 58

第4章　ボタンが押されたかをパソコンに表示しよう

[4-1]　「オン/オフ」の状態を
　　　　パソコンに表示 ………… 61
[4-2]　「ボタンの状態」を
　　　　パソコンに表示する ………… 62
[4-3]　「状態」をパソコンに送る仕組み ……… 65
[4-4]　「チャタリング」を回避する ………… 71

第5章　「ブザー」を使ってメロディを演奏しよう

[5-1]　「ブザー・モジュール」とは …………… 74
[5-2]　「ブザー・モジュール」を接続する …… 75
[5-3]　「ブザー」で音階を鳴らす「スケッチ」… 75

第6章　「リレー」を使ってみよう

[6-1]　「リレー」と「リレー・モジュール」…… 80
[6-2]　「リレー・モジュール」を接続する …… 83
[6-3]　「リレー」を「オン/オフ」するスケッチ … 84

CONTENTS

アナログ編

第7章　「回転角度モジュール」を使ってみよう

[7-1]　「アナログ」と「デジタル」……………… 90　　[7-3]　「回転角」を表示するスケッチ………… 92
[7-2]　「回転角度モジュール」を接続する………… 91

第8章　「音センサ」を使ってみよう

[8-1]　「音センサ・モジュール」とは…………… 96　　[8-4]　「大きな音」が鳴ったときに
[8-2]　「音センサ・モジュール」を接続する……… 96　　　　　「LED」を光らせる……………………… 101
[8-3]　「音の大きさ」を表示するスケッチ………… 98

第9章　「光センサ」を使ってみよう

[9-1]　「光センサ・モジュール」とは………… 104　　[9-3]　「明るさ」を表示するスケッチ………… 105
[9-2]　「光センサ・モジュール」を接続する…… 104　　[9-4]　「暗く」なったら「LED」を光らせる…… 107

第10章　「温度センサ」を使ってみよう

[10-1]　「温度センサ・モジュール」とは……… 109　　[10-3]　「温度」を表示するスケッチ………… 110
[10-2]　「温度センサ・モジュール」を接続する… 110

応用編

第11章　「サーボモータ」を使ってみよう

[11-1]　「サーボモータ」とは………………… 116　　[11-4]　「回転角度モジュール」の動きに
[11-2]　「サーボモータ」を接続する…………… 117　　　　　合わせて「サーボモータ」を動かす…… 122
[11-3]　30度ずつ動かしてみる………………… 119

第12章　「LCD」に「文字を表示」してみよう

[12-1]　この章の内容…………………………… 126　　[12-3]　「Hello, World!」と表示する………… 128
[12-2]　「LCDモジュール」を接続する………… 127　　[12-4]　「音の大きさ」「明るさ」をLCDに表示する… 133

第13章　オモチャを作ろう

[13-1]　「音センサ」と「サーボモータ」を　　　　　　[13-2]　「音センサ」に反応して
　　　　組み合わせる………………………… 139　　　　　　　踊る人形の仕組み………………… 140
　　　　　　　　　　　　　　　　　　　　　　　　　[13-3]　オモチャ・メイキング……………… 149

| Appendix A | 「Arduino IDE」をインストールする ……………………………………………… 154 |

索引 ……………………………………………………………………………………………………… 158

●各製品名は、一般的に各社の登録商標または商標ですが、Ⓡおよび TM は省略しています。

基本編

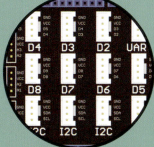

第1章
「Arduino Grove」で遊ぼう

> 「Arduino」は、小型の「マイコン」です。「センサ」や「LED」「モータ」「液晶」などを接続して制御できます。
> そのときに厄介なのが、「回路の設計」と「配線」です。
> そしてそれを解決するのが、「Arduino Grove」です。
>
> 「Arduino Grove」では、多数の「部品」が「モジュール化」されていて、「4ピン・フラットケーブル」で接続するだけで、電子工作が手軽にできます。

1-1　「Arduino」とは

　「Arduino」は2005年にイタリアで始まった、オープンソース・ハードウェアのマイコンです。

　基板上には「Atmel AVR」マイコンが搭載されていて、自作のプログラムを動すことができます。

　プログラムはパソコン上で、「Arduino IDE」というソフトを使って作ります。プログラミング言語は、C言語とほぼ同等です。

　作ったプログラムは、パソコン上でコンパイルし、「USBケーブル」でArduinoと接続して書き込みます(図1-1)。

図1-1　Arduinoの開発環境

[1-1] 「Arduino」とは

■ 「スイッチ」「センサ」「LED」「モータ」などを制御するコントローラ

「Arduino」の基板には、多数のピンが配置されていて、そこに「センサ」や「LED」「モータ」「液晶モジュール」などの電子部品を接続できます。

「Arduino」は、こうした電子部品を制御する、「コントローラ」として機能します。

たとえば、LEDを一定時間ごとに点滅したいのなら、LEDをつないだピンに電圧をかけたり、かけるのをやめたりするプログラムを作って動かすことで実現できます(**図1-2**)。

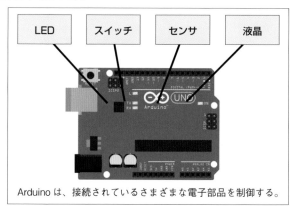

図1-2　Arduinoにはさまざまな電子部品を接続できる

■ Arduinoの種類

Arduinoは「オープンソース」のハードウェアです。「設計図」などが公開されていて、誰でも作れます。

ただし、オリジナルのものは「Arduino SRL」という会社が作っており、一般に「Arduino」と言うと、このオリジナルのものを指します。

しかし、オリジナルのものにも、小型のものから高速なものまで、さまざまな種類があります。

Arduino製品のラインナップのうち、「最初に使うArduino」として、広く使われているのが、「Arduino Uno(ウノ)」という製品です。

第1章　「Arduino Grove」で遊ぼう

「Arduino Uno」は、他のラインナップに比べて、少し大きめの基板ですが、癖のない標準品で、入門に最適です（図1-3）。

本書では、「Arduino」として、この「Arduino Uno」を使っていきます。

以下、「Arduino」と言ったときは、この「Arduino Uno」のことを指すものとします。

図1-3　Arduino Uno

1-2　「Arduino Grove」とは

さて、「Arduino」と、「スイッチ」「センサ」「LED」「ブザー」「モータ」「液晶モジュール」などの、さまざまな電子部品を接続するには、配線が必要です。

「Arduino」には、これらを接続するための「コネクタ」が用意されていて、「ブレッドボード」と呼ばれる「無数の穴のあいた配線接続用の板」に必要な部品を装着し、それらと接続するのが一般的なやり方です。

「ブレッドボード」は、「配線」や「部品設置」の自由度が高い一方、部品を実際に使うには「電子回路設計」の知識が必要です。

たとえば、「Arduino」に「LED」を接続して光らせるだけでも、LEDを直接、Arduinoに接続すると過電流が流れて壊れてしまいます。そのため、電流を制限するための抵抗器が必要になります。

そうなると、初めて学習する人にとって、LEDを光らせる以外にも学ばなければならないことが多くなります（図1-4）。

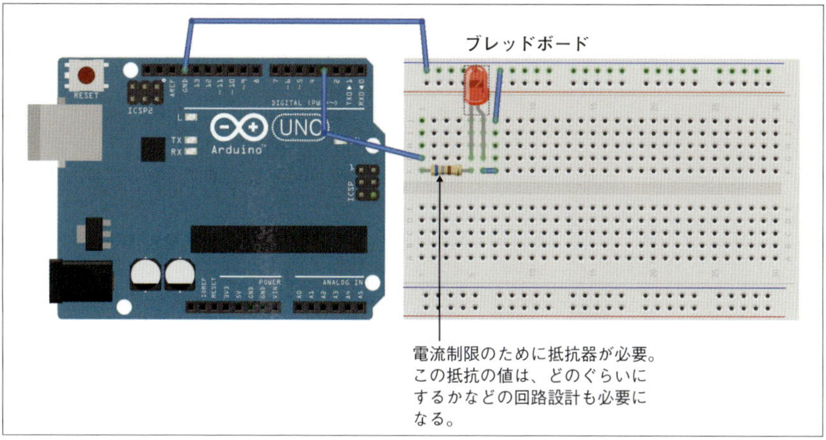

[1-2] 「Arduino Grove」とは

電流制限のために抵抗器が必要。
この抵抗の値は、どのぐらいに
するかなどの回路設計も必要に
なる。

図1-4　ブレッドボードを使う場合、自分で回路設計が必要になる

　これを簡単にするのが、本書の主題である「Arduino Grove」です。

　「Arduino Grove」は、「センサ」や「モータ」などをモジュール化したものです。
　「Arduino」の上に「ベース・シールド」を装着し、それと、各種モジュール化した部品を、「4ピンのフラットケーブル」1本で「Arduino」に接続できます。

　先ほどの「LED」の例ならば、「Arduinoと接続するためのコネクタ」「LEDを差し込むためのソケット」「必要な抵抗器」が「LEDモジュール」にまとめられていて、LEDモジュールに自分の好きな色のLEDを挿し、それをArduinoと4ピンのフラットケーブルで接続するだけで、接続は完了します（図1-5、図1-6）。

**図1-5　Arduino GroveならLEDも抵抗もひとつの
　　　　　基板にモジュール化されている**

第1章　「Arduino Grove」で遊ぼう

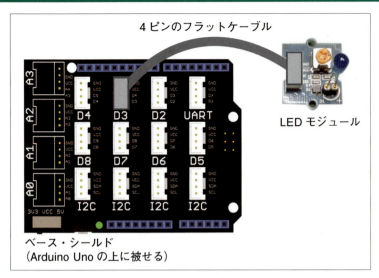

図1-6　4ピンのフラットケーブルで接続するだけ

1-3　これからはじめる人のための「スターター・キット」

　「Arduino Grove」は、「Arduino Uno」の上に装着する「ベース・シールド」と、LEDやセンサなどを搭載した「Groveモジュール」から構成されています。
　「ベース・シールド」と「主要なGroveモジュール」をセットにした製品が「Grove-Starter Kit for Arduino」(以下、「スターター・キット」)です(図1-7)。

図1-7　Grove-Starter Kit for Arduino

[1-3] これからはじめる人のための「スターター・キット」

「スターター・キット」には、次の部品が含まれています。

> **メモ** 「Grove-Starter Kit for Arduino」には、「Arduino Uno」は含まれていません。利用するには、別途「Arduino Uno」を購入する必要があります。

①ベース・シールド

「Arduino Uno」に重ねる基板です。

「Grove モジュール」を接続するためのコネクタがたくさん付いていて、ここに、各種Groveモジュールを接続します(**図1-8**)。

> **メモ** 取り付け方については、「2-2 ベース・シールドを取り付ける」で説明します。

図1-8 ベース・シールド

②各種Groveモジュール

「LED」「ボタン」「センサ」「液晶モジュール」などです。

「スターター・キット」には、**表1-1**に示す「Groveモジュール」が含まれています。

図1-9 さまざまなGroveモジュール

第1章 「Arduino Grove」で遊ぼう

表1-1 スターター・キットに含まれるGroveモジュール一覧

Groveモジュール	用途
LEDモジュール	LEDを搭載できるモジュール。赤・緑・青のLEDも同梱(第2章)
ボタン・モジュール	押しボタンを搭載したモジュール(第3章)
タッチセンサ・モジュール	触るとオン/オフするモジュール(第3章)
ブザー・モジュール	音を鳴らすモジュール(第5章)
リレー・モジュール	他の回路のオン/オフを制御するモジュール(第6章)
回転角度モジュール	回した角度がわかるモジュール(第7章)
音センサ・モジュール	周囲の音の大きさがわかるモジュール(第8章)
光センサ・モジュール	周囲の明るさがわかるモジュール(第9章)
温度センサ・モジュール	周囲の温度がわかるモジュール(第10章)
サーボモータ・モジュール	指定した角度だけモータを回せるモジュール(第11章)
液晶モジュール	液晶に英数字を表示できるモジュール(第12章)

③ケーブルなど

その他、「ベース・シールド」と「Groveモジュール」を接続するための「4ピンのフラットケーブル」、乾電池で駆動させるときに必要となる「9V電池を接続するための部品」などが含まれています。

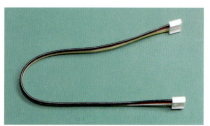

図1-10 接続するときに使うケーブル

> **Column** 「Groveモジュール」は買い足せる
>
> 「スターター・キット」に含まれる「Groveモジュール」は、基本的に部品にすぎません。「Groveモジュール」は単体で販売されており、追加で購入できます。
>
> たとえば、「ジャイロ・センサ」「火炎センサ」「心拍センサ」「モータ・ドライバ」「LEDマトリックス」「赤外線受信器」「赤外線発信器」など、さまざまなものがあります。
>
> 「スターター・キット」で慣れたら、ぜひ、こうした「Groveモジュール」を買い足して、作れるものを増やしていってください。

1-4 本書を読み進めるのに必要なもの

　本書では、以降、Arduinoで、さまざまな「Groveモジュール」を使う方法を説明していきます。
　本書の内容を実際に試すには、次のものが必要です。

> **メモ**　「Arduino Uno」や「Grove-Starter Kit for Arduino」（本書で言うところの「スターター・キット」）は、秋葉原や日本橋などの主要パーツショップ、通信販売だと、たとえば、スイッチサイエンス社（https://www.switch-science.com/）などで購入できます。

① Arduino Uno

　Arduino Uno本体。

② Grove-Starter Kit for Arduino

　Grove-Starter Kit for Arduino。

③ プログラミングするためのパソコン

　プログラミングするためのパソコン。
　WindowsやMac、Linuxでプログラミングできます。
　本書では、Windowsでプログラミングする方法を説明します。

④ 接続するためのUSBケーブル

　Arduino Unoとパソコンとを接続するUSBケーブル。
　プリンタなどの接続に使う、「標準ケーブル（標準A-B）」を用います。

⑤ Arduino IDE

　Arduinoで開発するには、③のパソコンに「Arduino IDE」というソフトをインストールする必要があります。
　このソフトは、インターネットから無償で入手できます。
　「Appendix A」を参考にして、「Arduino IDE」をパソコンにインストールしておいてください。

第2章
「LEDモジュール」で基本を学ぼう

> Arduinoを学ぶとき、多くの書籍が取り扱っている最初のテーマは「LEDを点滅させること」です。「Lチカ」（LEDを"チカチカ"させるという意味）という愛称があるくらいに定番です。
> 定番となっているのには、理由があります。部品の接続の基本と、Arduinoプログラミングの取っ掛かりとして、必要最低限のものが学べるからです。
> 本書でもまず、この「Lチカ」から始めていきましょう。

2-1　「LEDモジュール」を使う

　この章では、「スターター・キット」に含まれる「LEDモジュール」を使って、LEDを、1秒ごとに"チカチカ"させます（図2-1）。

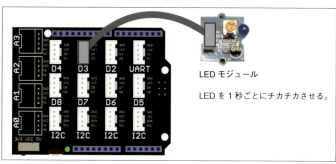

LEDモジュール

LEDを1秒ごとにチカチカさせる。

図2-1　この章で作るもの

　この章では、次の手順で作っていきます。

---

①Arduinoに「ベース・シールド」を取り付ける

　まずは、Arduinoにベース・シールドを取り付けます。

②LEDモジュールを「ベース・シールド」に接続する

①の「ベース・シールド」に、LEDモジュールを接続します。

③LEDをチカチカするプログラムを作る

「Arduino IDE」を使って、LEDを"チカチカ"するプログラムを作ります。

④Arduinoに書き込んで実行する

「パソコン」と「Arduino」を「USBケーブル」で接続し、③のプログラムを書き込んで実行します。

すると、接続したLEDが"チカチカ"し始めます。

2-2 「ベース・シールド」を取り付ける

では、「ベース・シールド」を「Arduino」に取り付けましょう。

「スターター・キット」を開けると、図2-2のように、多くの「Groveモジュール」が入っています。

「ベース・シールド」は、写真左の「LCDモジュール」に敷かれているピンクの緩衝材の下に入っています。

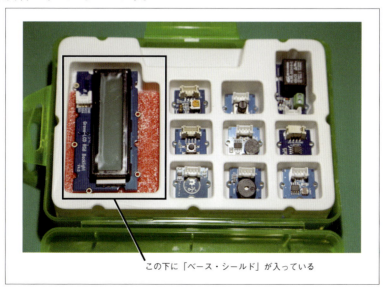

図2-2 「スターター・キット」の内容(左のLCDモジュールの下に「ベース・シールド」がある)

第2章 「LEDモジュール」で基本を学ぼう

■「ベース・シールド」の表と裏

「ベース・シールド」の表面には、たくさんの白いコネクタが装着されています(図2-3)。

裏面は、黒い基板からいくつものピンが出ています(図2-4)。

このピンは、Arduino本体のピンの穴と同じ位置にあります。Arduinoとぴったり重ねるようにして取り付けます。

> **メモ**　「ベース・シールド」の表面の左下には、電圧を切り替えるスイッチがあります。工場出荷時は「3.3V」に設定されています。このスイッチは、不用意に変更しないでください。

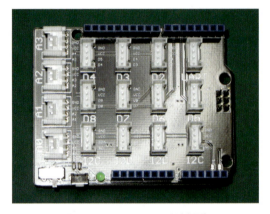

図2-3　ベース・シールド(表面)

図2-4　ベース・シールド(裏面)

[2-2] 「ベース・シールド」を取り付ける

■「ベース・シールド」を取り付ける

　実際に、重ねてみましょう。

　重ねるときは、ベース・シールドのピンとArduino本体のピンの穴が合うように、向きに注意してください。

　また、斜めに挿入すると、ピンが入らなかったり、折れたりすることがあるので、ピンが穴に入ることを確認しながら、真上からゆっくりと重ねて挿入し、奥まで差し込んでください（図2-5）。

　奥まで差し込んだら、真横からも見てください。
　正しく入っていれば、真横から見た際に、2枚の基板が平行になっているはずです。

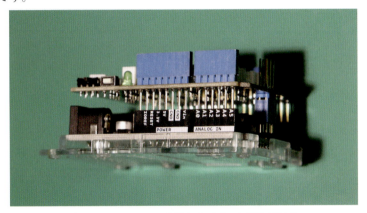

図2-5　ベース・シールドをArduinoに取り付ける
（上が「ベース・シールド」、下が「Arduino Uno」。ピンの位置を合わせて、奥までしっかりと差し込む）

　以降の手順では、さまざまな「Groveモジュール」を、この「ベース・シールド」に取り付けて実験していきます。

　「Groveモジュール」を取り付けるときに、グラグラしないように、「ベース・シールド」はしっかりと取り付けてください。

第2章 「LEDモジュール」で基本を学ぼう

2-3 「LEDモジュール」を「ベース・シールド」に接続

次に、「LEDモジュール」を「ベース・シールド」に接続していきましょう。

■「LEDモジュール」の組み立て

まずは、「LEDモジュール」を組み立てます。
「LEDモジュール」には、LEDは取り付けられていません(図2-6)。

図2-6　LEDモジュール

そこで、同梱の袋に入っている「LED」を装着するところから始めます。

袋には、「赤」「緑」「青」の3色の「LED」が含まれていますが、好きな色を使ってかまいません(図2-7)。

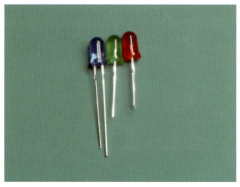

図2-7　同梱されている3色のLED

「LED」は、2本の足がついています。

[2-3] 「LEDモジュール」を「ベース・シールド」に接続

足の長いほうが「＋」(プラス)です。

「LEDモジュール」には、LEDを差し込む小さな穴があいており、その片方に「＋」の記号が印刷されています。

そこでLEDの足の長い方を、この「＋」の穴に差し込むようにして、LEDをモジュールに取り付けてください(図2-8)。

「LEDモジュール」上には、プラスのドライバを使って調整できる「ボリューム(可変抵抗器)」が付いていますが、触る必要はありません。
もしあとでLEDを"チカチカ"させたときに、明るすぎたり暗すぎたりするときには、このボリュームで輝度を調整できます。

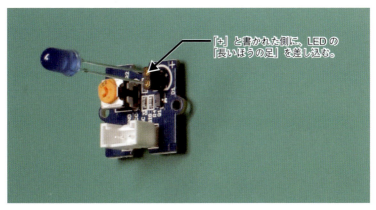

「＋」と書かれた側に、LEDの「長いほうの足」を差し込む。

図2-8 LEDを「LEDモジュール」に取り付ける(「＋」のマークに注意)

■「フラットケーブル」を装着する

LEDを取り付けたら、次に、4ピンのフラットケーブルを「LEDモジュール」に差し込みます。

コネクタには、向きがあります。コネクタとケーブルの向きを合わせてつないでください(図2-9)。

「スターター・キット」には、「4ピンのフラットケーブル」がたくさん入っていますが、どれを使っても同じです。

第2章　「LEDモジュール」で基本を学ぼう

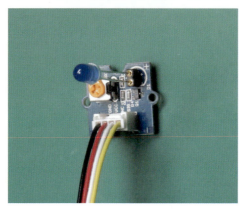

図2-9　「フラットケーブル」を装着する

■「LEDモジュール」を「ベース・シールド」に接続する

「フラットケーブル」の反対側を「ベース・シールド」に接続します。

「ベース・シールド」には、コネクタがたくさんあるので迷いますが、ここでは、「D3」と書かれたコネクタに接続してください。
(「D3」の意味については、また後で説明するので、今は、まだ深く考えず、ひとまず「D3」に接続しておいてください)。

このD3につなぐことで、LEDの接続は完了です(図2-10)。
このように、ケーブル1本で接続できるところが、「Arduino Grove」の魅力です。

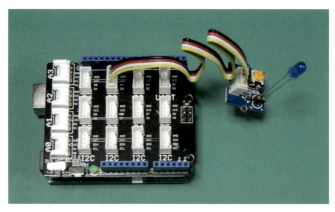

図2-10　ベース・シールドの「D3」に接続する

2-4 LEDを"チカチカ"するプログラムを作る

配線が終わっただけなので、LEDは、まだ、光りません。

光らせるためには、「LEDを光らせるための命令を書いたプログラム」を「Arduino」に書き込まなければなりません。

そのようなプログラムを作っていきましょう。

■「Arduino IDE」を起動する

Arduinoのプログラムを作るには、「Arduino IDE」を使います。

まだ「Arduino IDE」をインストールしていない人は、「**Appendix A**」を見ながら「Arduino IDE」をインストールしてください。

では、「Arduino IDE」を起動しましょう。Windowsの場合、[スタート]メニューから[Arduino]を選択することで起動できます。

「Arduino IDE」を起動すると、**図2-11**に示すようにプログラムのひな形が表示されます。この画面に、プログラムを入力します。

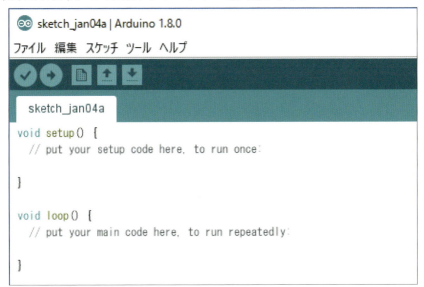

図2-11　Arduino IDEを起動したところ

第2章 「LEDモジュール」で基本を学ぼう

■ プログラムを入力する

では、「Arduino IDE」に、LEDを点滅させるためのプログラムを入力していきましょう。Arduinoでは、実行するプログラムのことを「スケッチ」(Sketch)と言います。

LEDを点滅させるための「スケッチ」は、**リスト2-1**の通りです。Arduino IDEで実際に入力したところを、**図2-12**に示します。

プログラムは、小文字と大文字、そして、半角文字と全角文字を区別します。**リスト2-1**で使っている文字は、すべて「半角文字」です。

リスト2-1　LEDを点滅させるためのスケッチ

```
void setup()
{
    pinMode(3, OUTPUT);
}

void loop()
{
    digitalWrite(3, HIGH);
    delay(1000);

    digitalWrite(3, LOW);
    delay(1000);
}
```

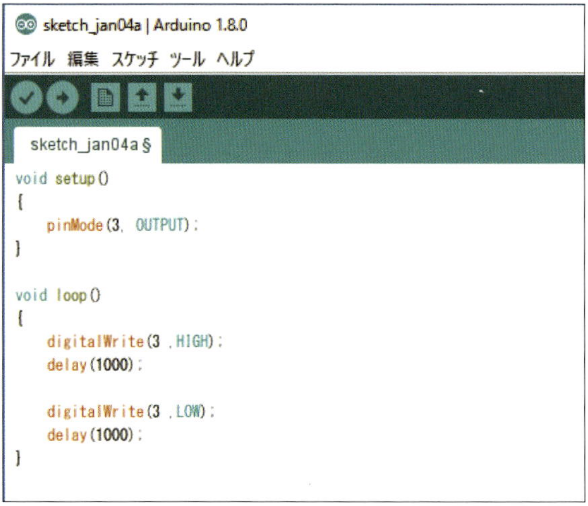

図2-12　リスト2-1のプログラムを入力したところ

[2-4] LEDを"チカチカ"するプログラムを作る

■ 保存する

プログラムを入力したら、保存しましょう。[ファイル]メニューから[保存]を選択してください。

すると、ファイル名を尋ねられるので、適当なファイル名を付けて保存します。ここでは、たとえば、「sketch_led」という名前にします(**図2-13**)。

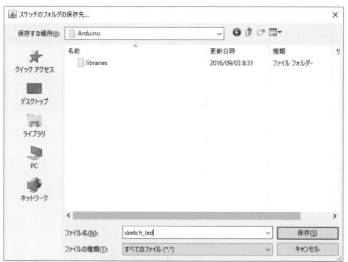

図2-13　スケッチを保存する

■ コンパイルする

「スケッチ」を実行するには、「コンパイル」(compile)という作業が必要です。これは、書いたスケッチをArduinoが実行できるように変換する工程です。

コンパイルするには、メニューから[スケッチ]―[検証・コンパイル]を選択します。

> **メモ**　保存していないときは、[検証・コンパイル]を選択したときに、保存を求められます。保存せずにコンパイルすることはできません。

第2章　「LEDモジュール」で基本を学ぼう

　スケッチの下に、「コンパイルが完了しました」と表示されれば、コンパイル完了です。
　おめでとうございます！　無事に正しく入力できました(**図2-14**)。

図2-14　コンパイルに成功したとき

*

　もし、赤い「エラーメッセージ」が表示された場合は、「入力ミス」があります(**図2-15**)。「スケッチ」をもう一度よく確認してみましょう。

　よくあるミスとしては、
・各行に必要な「;」を付け忘れている。
・どこかに全角のスペースが混じっている。
・「{」や「}」の不足、「,」(カンマ)が「.」(ドット)になっている。
などがあります。

　もし、エラーとなってしまったときには、これらの原因を探して修正し、再度、「検証・コンパイル」してください。

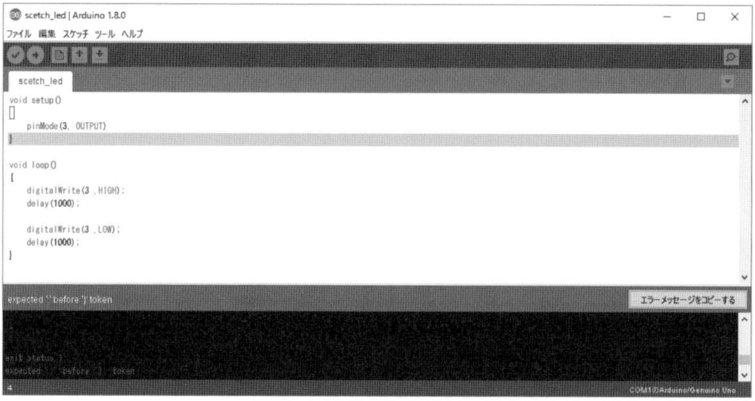

[2-5] Arduinoに書き込んで実行する

図2-15　コンパイル・エラーが発生したとき

2-5　Arduinoに書き込んで実行する

コンパイルが完了したら、Arduinoに書き込んで、実行してみましょう。

■ パソコンとArduinoを接続する

まずは、「パソコン」と「Arduino」を接続します。
接続には「USBケーブル」を使います(図2-16、図2-17)。

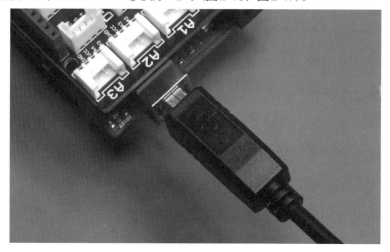

図2-16　ArduinoにUSBケーブルを接続する

第2章 「LEDモジュール」で基本を学ぼう

図2-17 パソコンに、そのUSBケーブルの反対側を接続する

■ スケッチをArduinoに書き込む

　接続したら、「Arduino IDE」のメニューから[スケッチ]—[マイコンボードに書き込む]を選択します。

　なお、「書き込む」とありますが、CD-Rのように一度きりではなく、何度でも書き込み直せます。失敗を気にせずに、書き込んでください。

＊

　書き込み終わったら、スケッチがすぐに実行されます。
　スケッチが実行されることによって、LEDが約1秒間隔で点滅するはずです。

　なお、書き込んだスケッチは、消さない限り、USBケーブルを取り外しても、Arduinoに書き込まれたままです。

Column　もう一度、最初から実行するには

　「Arduino IDE」でスケッチを書き込むと、書き込みが完了した時点で、そのスケッチが実行されます。
　ときには、最初から、もう一度スケッチを実行したいことがあるかもしれません。

[2-5] Arduinoに書き込んで実行する

そのようなときは、「Arduino」の左上にある「リセット・ボタン」を押します。
(「リセット・ボタン」は、Arduinoを初期化するという意味ではなく、「すでに書き込んだスケッチを最初から実行し直す」という意味です)。

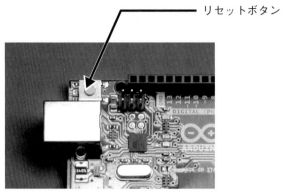

図2-A　Arduinoをリセットする

■ うまくいかないときは

どうでしょうか？　うまく動きましたか？
もし、LEDが光らない場合には、接続が正しいかどうかを確認してください。

＊

ここまでの手順では、「ベース・シールドのD3」と「LEDモジュール」が4ピンのケーブルでつながり、「パソコン」と「Arduino本体」がUSBケーブルでつながっているはずです。

> **メモ**　もしパソコンに挿しているUSBケーブルがUSBハブ経由の場合、USBの電力不足が原因で動かない可能性があります。その場合は、直接パソコン本体のUSBポートに差し込んで、書き込んでみてください。

また、LEDが光りっ放しや点滅の間隔がおかしい場合には、入力したスケッチに間違いがないか、確認しましょう。

第2章 「LEDモジュール」で基本を学ぼう

2-6 「Arduinoプログラム」の基本的な仕組み

さて、LEDが"チカチカ"と点滅したところで、このプログラムの意味や動作原理を説明します。

■ setup と loop

Arduinoのスケッチは、基本的に「setup」と「loop」の2つのブロックで構成されます。

```
void setup()
{
}
void loop()
{
}
```

①setup

setupには、Arduinoに電源が入り、最初に実行されるコードを記述します。1回の通電で、1度だけ実行されます。

②loop

loopは、①のsetupの後に実行されるコードで、「loop」の名が示すとおり、何度も、繰り返し実行されます。

■ ピンの入力・出力を設定する

では、プログラムを処理の順番に追ってみましょう。
リスト2-1の「void setup()」の部分を再掲します。

【void setup()の再掲】

```
void setup()
{
    pinMode(3, OUTPUT);
}
```

最初に実行されるのは、ここにある、

[2-6] 「Arduino プログラム」の基本的な仕組み

```
pinMode(3, OUTPUT);
```
という部分です。

「pinMode」は、Arduinoから出ている各種ピンの使い方を設定するための命令です。

本書では、Arduinoの上にベース・シールドを載せているので、「各種ピン」とは、ベース・シールド上の「コネクタ」と同義です。

「pinMode」には、2つのデータを渡し、「どのピン」を「出力または入力」として使うのかを指定します。

ここでは、「pinMode」の「( )」内に「3」と「OUTPUT」というデータを渡しています。これは、「3番ピン」を「出力用」として使うという意味になります。

なお「pinMode」の命令のように、処理するためのデータを渡す( )内では、各データを「,」(カンマ)で区切ります。

> **メモ**
> スペースや「.」(ピリオド)などは、区切りにならないので注意してください。
> また、データの渡す順序も決まっているので、「pinMode(OUTPUT, 3)」と順序を変えてはいけません。正しく「pinMode(3,OUTPUT)」と入力してください。
> ただし、カンマの前後の「半角スペース」は無視されるので、見やすさを考慮して「pinMode(3,　OUTPUT)」などとするのは問題ありません。

①3番ピン

言葉で「3番ピン」と言っても、分かりにくいですね。

先ほどの「ベース・シールド」を見てください。
ここまでの手順では、「LEDモジュール」を「ベース・シールド」の「D3」コネクタに接続しました。
この「D3」コネクタが「3番ピン」に相当するものです。

そうです、Arduinoスケッチに記述したピン番号と、「ベース・シールド」のコネクタ番号は、対応しているのです(**図2-18**)。

第2章　「LEDモジュール」で基本を学ぼう

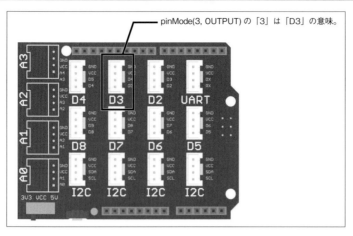

図2-18　スケッチに記述したピン番号は「ベース・シールド」のコネクタの番号に対応する

②OUTPUT

　次に「OUTPUT」ですが、これはこの単語の意味通りで、「出て行く方向」を示します。

　ここまで作ってきたスケッチでは、「Arduino」から「LEDモジュール」に信号を送って光らせるので、「Arduino→LED」の方向に、OUTPUTする必要があります。

> **メモ**　「スイッチ」や「センサ」などからデータを受け取るときには、「INPUT」に設定することになります。その方法は、第3章で説明します。

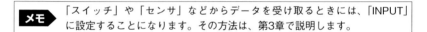

　ここで説明した、「setupのなかでpinModeという命令を実行して、どのピンを、どのように使うのかを設定する」のは、Arduinoのプログラムを作るときは、ほぼ必須の処理となります。
　忘れないようにしましょう。

■ LEDを点ける

では次に、LEDを点けたり消したりする部分を説明します。

＊

Arduinoの電源が投入され、「void setup()」に書かれた処理が終わると、次に「void loop()」の処理に入ります。

「void loop()」を再掲します。

【void loop()の再掲】

```
void loop()
{
    digitalWrite(3, HIGH);
    delay(1000);

    digitalWrite(3, LOW);
    delay(1000);
}
```

「void loop()」の処理では、「{」から「}」までに記述した命令を、繰り返し実行します。

「void loop()」の「{ }」の中にある最初の命令は、

```
digitalWrite(3, HIGH);
```

です。

「digitalWrite」は、「Arduino」のピンから電圧を出力するため命令です。

「digitalWrite」には、「どのピンに」「電圧出力をかける(かけない)か」という2つのデータを渡します。

ここで渡している2つのデータは「3」と「HIGH」です。

---

①3番ピン

最初の「3」については、もうお分かりですね。pinMode命令のときと同じく、「D3」のコネクタのことです。

第2章 「LEDモジュール」で基本を学ぼう

②「HIGH」と「LOW」

もう1つの「HIGH」ですが、これは、
- 「HIGH」で出力する
- 「LOW」で出力を停止する

という意味です。

つまり、「digitalWrite(3, HIGH)」は、3番コネクタに対して、電圧出力をかける処理になります。

この電圧出力を「LEDモジュール」が受けて、LEDが発光します。

■ LEDを消す

この命令で、LEDが発光する仕組みが分かったと思います。

同じように、**リスト2-1**の「digitalWrite(3, HIGH)」の次の次の命令を見ると、「digitalWrite(3, LOW)」という命令があるのが分かります。

```
digitalWrite(3, LOW);
```

そう、「digitalWrite(3, LOW)」では、3番コネクタの出力を停止し、OFFにするという処理をしています。

この命令によって、Arduinoからの電圧出力が停止するので、LEDが消灯します。

■ 一定時間待つ

では、その間にある「delay(1000)」という処理は、何なのでしょうか。

```
delay(1000);
```

実はArduinoのプログラムは、非常に高速に実行されていて、1行を実行するのにかかる時間は、1000分の1秒もありません。

そのため、

```
digitalWrite(3, HIGH);
```

としてLEDを光らせた直後に、

```
digitalWrite(3, LOW);
```

としてLEDを消してしまうと、光った直後に消えることになり、光っている時間は、1000分の1秒もなく、光っているところが目に見えません。

*

そこで「delay処理」の登場です。

「delay」は、「遅らせる」という意味の通り、Arduinoの処理をそこで一時停止し、次の行の実行に進むことを遅らせる処理です。

「delay」の処理に渡すデータは、1つだけです。それは、「どれだけの時間を遅らせるか」です。

時間は、「ミリ秒」という1000分の1秒の単位で指定します。**リスト2-1**では、「1000」という数値を渡しています。
これは「1000ミリ秒」、すなわち「1秒」遅らせるという意味になります。

■「void loop()」を繰り返す

ここで、「void loop()」を再掲し、その動作を復習しておきましょう。

```
void loop()
{
    digitalWrite(3, HIGH);  ——①
    delay(1000);            ——②

    digitalWrite(3, LOW);   ——③
    delay(1000);            ——④
}
```

これは、次のように動作します。

①LEDを光らせる

「digitalWrite(3, HIGH)」でLEDを光らせます。

②1秒待つ

「delay(1000)」で、1秒(1000ミリ秒)待ちます。

③LEDを消す

「digitalWrite(3, LOW)」でLEDを消します。

④1秒待つ

「delay(1000)」で、1秒（1000ミリ秒）待ちます。

④の「delay」のあとは、もうプログラムがなく「}」で閉じています。

この後、処理はどうなるかと言えば、「void loop()」の「{」に戻ります。
そう、つまり③でLEDが消灯して、④で1秒待った後は、再び「void loop()」の最初の①の「digitalWrite(3, HIGH)」が実行され、点灯します。

そして、再び1秒待って消灯し…を繰り返すので、「1秒ごとにLEDがチカチカ点滅する」という動作になるのです。

これがLEDを点滅させるプログラム、いわゆる「Lチカ」の正体です。

2-7　Arduinoを使った電子工作の注意点

この章では、"Lチカ"を例に、「Arduino Grove」と「Arduinoプログラミング」の基本を説明しました。

次章からは、「スターター・キット」に付属のさまざまな「Groveモジュール」を使って、プログラミングしていきます。

*

ここで、その際の注意点について、まとめておきます。

■ Arduinoの動作を停止するには

動作の確認をして、止めたいときは、Arduinoから「USBケーブル」を抜いてください。

そうすることで、Arduinoに電源が投入されなくなるので、動作が停止します。

■ Arduinoの動作を再開するには

　もう一度、実行したいときは、Arduinoに「USBケーブル」を装着し、パソコンと接続してください。
　するとUSBから電源が供給され、「スケッチ」が（「void setup()」から）実行されます。

　「Arduino IDE」で書き込んだ「スケッチ」は残ったままなので、パソコンで「Arduino IDE」を起動していなくても、「USBケーブル」を装着すれば、その時点で実行される点に注意してください。

　そもそも、実は「USBケーブル」を装着するのは、パソコンでなくてもかまいません。電源さえ供給されればいいので、スマホなどを充電する「USB充電器」や「USBバッテリー」などに、Arduinoを接続しても、「スケッチ」が実行されます。

Column 9Vの角形電池でArduinoを動かす

　ArduinoはUSB以外の電源でも動きます。
　「スターター・キット」には、9Vの角形電池をArduinoに接続するケーブルが付属しています。このケーブルを使うと、9Vの「角形電池」でArduinoを動かせます（図2-B）。

図2-B　9Vの角形電池でArduinoを動かす

第2章 「LEDモジュール」で基本を学ぼう

■ 電源を切った状態で配線する

　次の章からは、さまざまなGroveモジュールを使ったプログラムを紹介していきますが、配線（Groveモジュールの接続）は、必ず、Arduinoの電源を切った状態で行なってください。

　Arduinoは、USBケーブルを接続すると、通電状態になります。すなわち、「電源を切った状態で配線する」とは、「USBケーブルを抜いた状態で配線する」という意味です。

■ 回路を組み替える前に「スケッチ」を初期化する

　回路を作っていくときには、もうひとつ、注意点があります。それは、「Arduinoに書き込んだスケッチは、消えない」という点です。

　新しい回路を作ろうとして、いったんUSBケーブルを抜き、回路を組み替えた後にUSBケーブルを装着すると、その時点で、いま書き込まれているスケッチが実行されてしまいます。

● 通電後に古いスケッチが実行される

　たとえば、この章では、「LEDをチカチカさせるスケッチ」をArduinoに書き込みました。

　そして、次の章では、「ボタンが押されたときにLEDを光らせる回路」を作ります。

　回路を組み替えて通電すると、最初に書き込んであった、「LEDをチカチカさせるスケッチ」が実行されるので、ボタンを押さなくても、1秒ごとにチカチカしてしまいます（図2-19）。

[2-7] Arduinoを使った電子工作の注意点

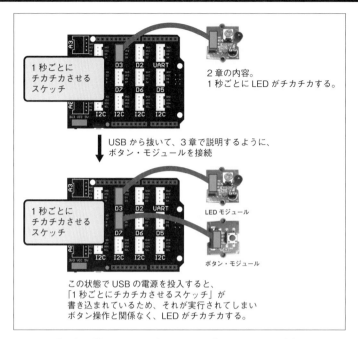

図2-19　回路を組み替えて通電し直したとき、古いスケッチが実行されてしまう

● 何もしないスケッチを描き込む

　この問題は、回路を組み替える前に、Arduinoを「何もしないスケッチ」に書き換えておくことで回避できます。

　「Arduino IDE」で、[ファイル]メニューから[新規作成]を選択すると、「void setup()」も「void loop()」も、何も命令が書かれていないスケッチができます。

```
void setup() {
  // put your setup code here, to run once:

}

void loop() {
  // put your main code here, to run repeatedly:

}
```

　このスケッチをコンパイルして、Arduinoに書き込みます。
　すると、これは「何もしないプログラム」なので、通電し直したときに、「以前のスケッチ」が実行されてしまうことはありません。

第2章　「LEDモジュール」で基本を学ぼう

　回路の組み替えでのトラブルを防ぐため、回路を組み替える前に、一度、このような「何も動作しないスケッチ」を書き込んで、初期化しておくとよいでしょう。

　つまり、回路を組み替えるときには、次の手順にします。

①何もしないスケッチを書き込む

　回路を組み替える前に、何もしないスケッチをコンパイルして、Arduinoに書き込みます。

②USBケーブルを抜き、回路を組む

　USBケーブルを抜き、回路を組み替えます。

③スケッチを作る

　②の新しい回路用のスケッチを作り、コンパイルします。

④USBケーブルでArduinoと接続して、スケッチを書き込む

　USBケーブルでArduinoと接続して、スケッチを書き込みます。

> **メモ**　①で「何もしないスケッチ」を書き込んでいるので、USBケーブルを接続したとたんに、以前のスケッチが実行されてしまうことはありません。

デジタル編

第3章
「ボタン」や「タッチ・センサ」を使ってみよう

> 前章では「LEDモジュール」を使って、何も操作しなくても、1秒間隔でLEDが点滅するようにArduinoを組み立てました。
> この章では、「スターター・キット」に付属の「ボタン・モジュール」を使って、ボタンを押したときだけLEDが光るようにします。また、「タッチセンサ・モジュール」に差し替えて、触るだけでLEDが光るようにもしてみます。

3-1　「ボタン・モジュール」と「タッチセンサ・モジュール」

　この章では、「スターター・キット」に含まれる「ボタン・モジュール」を使って、ボタンが押されたときだけ、LEDが光るようにします。

　また、「3-4　タッチ・センサを使ってみよう」では、この「ボタン・モジュール」を、「タッチセンサ・モジュール」に変更し、押す代わりに、触ることでLEDが光るようにします。

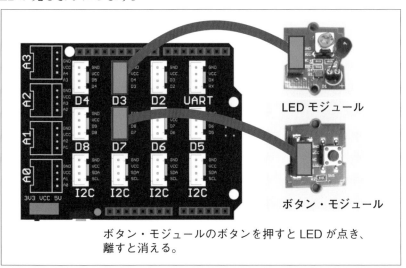

ボタン・モジュールのボタンを押すとLEDが点き、離すと消える。

図3-1　この章で作るもの

3-2 「ボタン・モジュール」を接続する

　前章では、「LEDモジュール」を「ベース・シールド」の「D3」コネクタに接続しました。

　この章では、この状態から、「ボタン・モジュール」を取り付けます。

　「ボタン・モジュール」は、「スターター・キット」に含まれている、「コネクタと銀色の台に丸く黒いプラスチックの部品が付いたモジュール」です。

　「LEDモジュール」のときは、「LED」を「LEDモジュール」に取り付ける必要がありましたが、「ボタン・モジュール」は、そのまま使えます。

図3-2　ボタン・モジュール

　ですから、4ピンのケーブルを使って、「ボタン・モジュール」を「ベース・シールド」に取り付けるだけで接続は完了します。

　今回は、「D7」コネクタに取り付けましょう。

第3章 「ボタン」や「タッチ・センサ」を使ってみよう

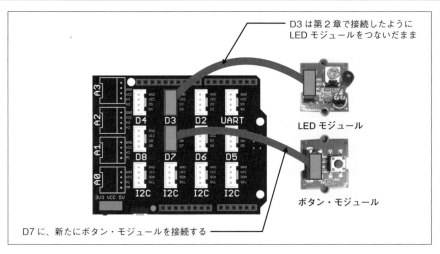

図3-3 「ボタン・モジュール」を「D7」コネクタに取り付ける

3-3 ボタンが押されたどうかを判定するスケッチ

「ボタン・モジュール」を「ベース・シールド」に取り付けた後は、プログラミングの時間です。

「ボタン」が押されたかどうかを判定するプログラムを作っていきましょう。

■ 前章のおさらい

プログラミングに入る前に、前章のLEDモジュールで学んだことを、さらりと振り返ってみましょう。

＊

Arduinoのプログラムは「Arduinoスケッチ」と呼ぶのでした。

前章では、Arduinoスケッチについて、次のことを学びました。

①「void setup()」と呼ばれる、最初に一度だけ実行される処理がある。
②「void loop()」と呼ばれる、「void setup()」の次に処理され、終わるとまた繰り返す処理がある。
③「void setup()」では「pinMode」という命令を実行し、どのピンにどの役割をさせるのかを、最初に設定する。
④「void loop()」では、LEDを光らせるため、digitalWriteという命令を使って、LEDモジュールが接続されたピンに電圧を出力する処理をした。

[3-3] ボタンが押されたどうかを判定するスケッチ

　この章では、前章で作ったスケッチに書き足す形で「ボタン・モジュール」の機能を追加していきます。

　前回やったことを忘れてしまった人は、見直して思い出してください。

■ ボタンの「オン/オフ」でLEDを「点けたり/消したり」するスケッチ

　さて、今回、「スケッチとして入力してもらうのは、**リスト3-1**に示すプログラムです。
　内容は、前章の「Lチカのプログラム」(**リスト2-1**)をベースに、ボタン機能の処理を書き加えたものになります。
　そのため、前章で作ったスケッチを別名で保存してから、**リスト3-1**の内容に書き換えていくといいでしょう。

＊

　このスケッチを、前章で説明したように、保存してコンパイルし、Arduinoに書き込んで実行してみてください。
　すると、ボタンを押したときにLEDが点き、離したときには消えるはずです。

リスト3-1　ボタンの「オン/オフ」でLEDを「点けたり/消したり」するスケッチ

```
void setup()
{
    pinMode(3, OUTPUT);
    pinMode(7, INPUT);
}
void loop()
{
    if(digitalRead(7))
    {
        digitalWrite(3, HIGH);
    }
    else
    {
        digitalWrite(3, LOW);
    }
}
```

第3章　「ボタン」や「タッチ・センサ」を使ってみよう

■「void setup()」でピンの入出力を設定する

　実行して動作を確認したところで、スケッチがどのような構成になっているのかを、順に、説明していきます。

*

　「void setup()」における初期化処理では、前章でも説明した、「pinMode(3, OUTPUT)」があります。

```
pinMode(3, OUTPUT);
```

　この処理については、前回と何も変わっておらず、「D3」コネクタを「出力用」コネクタとして使うための初期設定です。

　次の行には、新しく「pinMode(7, INPUT)」というものがあります。

```
pinMode(7, INPUT);
```

　この処理は、「D7」コネクタを「INPUT」に設定するもので、「INPUT」とは、入力用という意味です。

　図3-3では、ボタンを「D7」コネクタに取り付けました。
　このように「D7」コネクタを「INPUT」——つまり入力用——にすることで、ボタンの「オン/オフ」をArduinoが「入力信号」として、受け取れるようになります。

*

　まとめると、今回使うコネクタは、「LED」と「ボタン」の2つで、

・「D3」コネクタはLEDと接続するので「pinMode(3, OUTPUT)」として、出力用として設定
・「D7」コネクタはボタンと接続するので「pinMode(7, INPUT)」として、入力用として設定

としています。
　「void setup()処理」については、これだけです。

■「void loop()」でボタンの「オン/オフ」を判別する

「void loop()」の処理についても、LEDを点けたり消したりする「digitalWrite(3, HIGH)」「digitalWrite(3, LOW)」の処理は、まったく同じです。

しかし、**リスト3-1**では、点けたり消したりするところに、「if(digitalRead(7))」という記述があるので、この部分を読み解いていきましょう。

```
if(digitalRead(7))
{
    digitalWrite(3, HIGH);
}
else
{
    digitalWrite(3, LOW);
}
```

●「if」と「else」

最初に見るべき部分は、「if」の部分で、これは

```
if(○○○)
{
}
else
{
}
```

の部分でワンセットとなっています。

「if」は、命令が実行される時点で、決められた条件が成立しているかにより、処理を分岐させる「条件分岐」するための命令です。

括弧に指定した「○○○」の部分の条件が「成り立っている」か「成り立っていないか」を判定し、

・成り立っているときは直後の「{　}」の中身
・成り立っていないときは「else{　}」の中身

を、それぞれ実行します。

```
if(○○○)
{
…○○○が成り立っているときに実行される部分…
}
else
{
…○○○が成り立っていないに実行される部分…
}
```

第3章 「ボタン」や「タッチ・センサ」を使ってみよう

● ボタンの「オン/オフ」の状態を読み取る「digitalRead」

リスト3-1の「if」の部分では、「○○○」の部分に、次のように「digitalRead」を指定しています。

```
if(digitalRead(7)) {
…略…
```

「digitalRead」という命令は、括弧の中に、ひとつのデータを渡し、「そのピン」からデータの入力を受け取るという処理をします。

ここでは「7」を渡していますが、これはベース・シールドの「D7」コネクタのことです。

図3-3では、「D7」コネクタには「ボタン・モジュール」を接続しています。ですから、ボタンの「オン/オフ」の状態を調べられます。

つまり、

```
if(digitalRead(7))      --- ①
{
    digitalWrite(3, HIGH);    --- ②
}
else
{
    digitalWrite(3, LOW);     --- ③
}
```

という処理は、
・①で「D7」コネクタに接続されたボタンの状態を調べる
・押されていたら②が実行されてLEDが点く
・押されていなければ③が実行されてLEDが消える
という動作をしていることになります。

「void loop()」の処理は、前章でも説明した通り、処理が終わると、また「void loop()」の最初に戻って繰り返します。

この繰り返し処理は、非常に高速に行われており、ボタンを1秒押している間にも何千、何万回と繰り返しています。

つまりボタンを押している間は条件を満たしているので、ずっとifの②の部分実行し、離した瞬間からelseの③を処理し続けます。

これにより、ボタンを押している間は点灯し、ボタンを放すと消灯するように動作するわけです。

[3-3] ボタンが押されたどうかを判定するスケッチ

> **メモ**
> リスト3-1では、処理を待つ必要がないので、リスト2-1にあった「delay(1000);」は取り除いています。しかし他書のサンプルには、「delay(10);」のように、ごく短い待ち時間処理を入れているものもあります。これは、ボタンの物理的なバネの状態が落ち着くまでの待ち処理で、「チャタリング防止」と呼ばれます。その詳細は、「4-4 チャタリングを回避する」で説明します。

Column digitalReadの戻り値

　リスト3-1で使った「if (digitalRead(7))」は、ボタンが押されているかどうかを判定すると説明しましたが、この動作について、少し補足しておきます。

＊

　「digitalRead処理」の本来の意味は、ボタンの「オン/オフ」を調べるのではなく、「指定したピンの電圧状態を読み取る」というものです。
　「digitalRead」には、読み取りたいピンの番号、つまり「ベース・シールド」なら「コネクタ番号」を渡します。
　つまり「digitalRead(7)」は「D7」コネクタに電圧がかかっているかを読み取る処理となります。

　この章の配線では、図3-3に示したように、「D7」コネクタには「ボタン・モジュール」を接続しています。
　ボタンが押されているときには、回路がつながって「D7」コネクタには電圧が生じています。
　逆にボタンが放されているときは回路が切断されており、「D7」コネクタには電圧がかかっていません。
　「digitalRead」は、この電圧の状態を調べます。
　調べた結果は、「HIGH」か「LOW」のいずれかの値として得ることができます。

　こうした、「処理をしたあとの結果として得られる値」のことを「戻り値」と言います。

＊

第3章　「ボタン」や「タッチ・センサ」を使ってみよう

> 「digitalRead(7)」で「D7」コネクタの電圧状態を読み取ったとき、電圧がかかっていれば「HIGH」、かかっていなければ「LOW」という結果が戻ってきます。
>
> そして、Arduinoのプログラムでは、「digitalRead(7)」の部分が「HIGH」(または「LOW」)に置き換えられて処理されます。
>
> その後、HIGHは「成り立っている」、LOWは「成り立っていない」と見なされます。
>
> つまり「if(digitalRead(7))」は、電圧がかかっていた場合は「if(HIGH)」として置き換えられ、「if(HIGH)」は「条件を満たす」という扱いになるため「if」の「{ }」が処理されます。
>
> 電圧がかかっていなかった場合は「if(LOW)」として置き換えられ、この「if(LOW)」は「条件を満たさない」という扱いになり、「else」の「{ }」が処理されます。

3-4　「タッチ・センサ」を使ってみよう

さて、ここまで「ボタン・モジュール」を使って、LEDが点いたり消えたりするようにしてみました。

次にボタンの代わりに、「タッチ・センサ」を使って、LEDが点いたり消えたりするようにしてみましょう。

■「タッチ・センサ」を接続する

「タッチ・センサ」とは、その部品のセンサ部分にタッチしていることを感知して、Arduinoに情報を送るモジュールです。

「スターター・キット」の箱の中から、「タッチセンサ・モジュール」を取り出してつないでみましょう。

「タッチセンサ・モジュール」は、コネクタ以外にはほとんど部品が乗っておらず、欠けた歯車のようなイラストの書かれた部品です。

[3-4]「タッチ・センサ」を使ってみよう

図3-4　タッチセンサ・モジュール

今「ベース・シールド」の「D7」につないでいる「ボタン・モジュール」を取り外し、代わりに、この「タッチセンサ・モジュール」をつないでみてください。

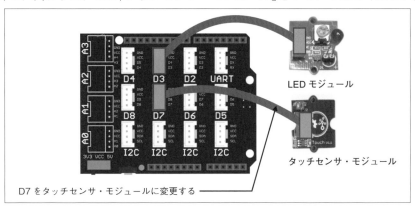

図3-5　「タッチセンサ・モジュール」を「D7」コネクタに接続する

■「スケッチ」は「ボタン・モジュール」と同じ

次にスケッチを書くことになりますが、実は、先ほどの「ボタン・モジュール」とまったく同じスケッチ(**リスト3-1**)が使えます。

実際に、**リスト3-1**のスケッチのまま、Arduinoに書き込んで実行してみてください。
無事に書き込まれ、正常に動作しているのならば、「タッチセンサ・モジュール」上で小さな赤いLEDが点灯します。

第3章　「ボタン」や「タッチ・センサ」を使ってみよう

モジュール上に描かれた「円」の部分を指でタッチしてみてください。
すると、LEDが点灯するはずです。

*

なぜ「ボタン・モジュール」と同じプログラムで動作するのでしょうか。
それは、「ボタン」も「タッチ・センサ」も、Arduinoに送る信号は同じだからです。

「ボタン」は、押されたときに電圧をかけます。そして「タッチ・センサ」は、タッチされたときに電圧をかけます。
電圧がかけられると、プログラム上では、どちらも「digital(7)」の値は「HIGH」になります。
2者のモジュールによる違いは、ありません。
ですから、スケッチを変更しなくても、動作するのです。

第4章
ボタンが押されたかをパソコンに表示しよう

前章では、スイッチの「オン/オフ」でLEDを「点けたり/消したり」しました。
この章では、さらにスイッチの「オン/オフ」の状態をパソコンに表示してみましょう。
パソコンに、さまざまなデータを表示することは、「ベース・シールド」に接続した「センサ」の状態などを表示するときの基本にもなります。

4-1　「オン/オフ」の状態をパソコンに表示

この章では、「オン/オフ」の状態を、パソコンにも表示するようにしてみます。

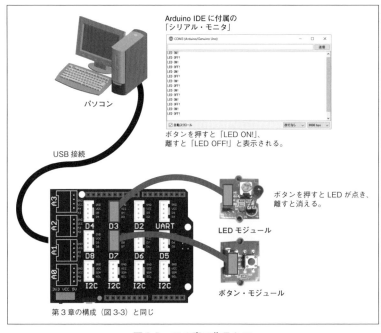

図4-1　この章で作るもの

第4章 ボタンが押されたかをパソコンに表示しよう

ではまずは、「Groveのモジュール」の取り付け、と言いたいところですが、この章では、前章で作った「LEDとボタンの配線」(図3-3)の構成のまま、プログラムを作っていきます。

図3-3に示したように、

・「D3」コネクタに「LEDモジュール」
・「D7」コネクタに「ボタン・モジュール」

を接続してください。

接続したら、スケッチを作成していきましょう。

 ここでは話の都合上「ボタン・モジュール」を使いますが、「タッチセンサ・モジュール」を使った配線(図3-4)でも、まったく同じように動きます。

4-2 「ボタンの状態」をパソコンに表示する

ではさっそく「ボタンの状態」をパソコンに表示するスケッチを作っていきましょう。

ここでは、「ボタン」を押したときに「LED ON!」、離したときに「LED OFF!」と表示するようにしてみます。

スケッチは、リスト4-1のようになります。

リスト4-1 「ボタンの状態」をパソコンに表示するスケッチ

```
int val=0;  ────────①変数の宣言と初期化

void setup()
{
    pinMode(3, OUTPUT);
    pinMode(7, INPUT);
    Serial.begin(9600); ────────②パソコンとの通信速度の設定
}

void loop()
{
    if(digitalRead(7))
    {
        digitalWrite(3, HIGH);
```

```
      if(val==0)
      {
        Serial.println("LED ON!");      ──④パソコンに表示    ──③
        val=1;                          ──⑤変数の値を変更
      }
   }
   else
   {
      digitalWrite(3, LOW);
      if(val==1)
      {
        Serial.println("LED OFF!");                         ──⑥消灯処理
        val=0;
      }
   }
   delay(10);                           ·⑦
}
```

　リスト4-1のプログラムは、前章のプログラム（リスト3-1）をベースに、いろいろと書き足しているのが分かるかと思います。

■ スケッチを書き込んで実行する

　詳細な説明は、後でするとして、まずは、このスケッチを動かして、動作を確認してみましょう。

　リスト4-1の「スケッチ」を入力し、「コンパイル」して、「マイコンボードに書き込む」で書き込んでください。

*

　エラーがなく書き込めましたか？
　書き込めたなら、「ベース・シールド」に接続したボタンを押してみてください。すると、前章の動作と同じく、ボタンを押しているときだけLEDが点くはずです。

■ パソコンでArduinoからのデータを表示する

　さて、違うのはここからです。
　リスト4-1では、ボタンの「オン/オフ」の状態をパソコンに送信しています。この状態を見ていきましょう。

第4章　ボタンが押されたかをパソコンに表示しよう

　そのためには、Arduino IDEのメニューから［ツール］をクリックし、［シリアル・モニタ］を選択して起動してください。すると、真っ白な画面が、ひとつ開くはずです。

> **メモ**　「シリアル・モニタ」を起動したときにエラーが表示されるときは、［ツール］メニューの［シリアルポート］から、Arduinoを接続しているシリアルポートを選んで、再度、実行してみてください。

図4-2　シリアル・モニタを起動する

　この状態で、「ボタン・モジュール」のボタンを押してみてください。
　どうでしょうか？
　ボタンを押すと「LED ON!」、離すと「LED OFF!」が表示されたでしょうか。

図4-3　ボタンの「オン／オフ」の状態が「シリアル・モニタ」に表示される

■ うまくいかないときは

もし、うまくいかないときは、プログラムを見直してください。

「if」の中の「val==1」の「=」は2つ並び、「if」以外の「=」は1つだけです（この詳細は後ほど説明します）。

「何か表示されるけど文字化けしている」という人は、「Serial.print」の行に全角文字が入っていないか確認してみてください。
特に「半角スペース」が「全角」になっていたり、「！」が全角になっていたりするのは意外とありがちです。

> **メモ** ほかの原因として、「シリアルポート」の「通信速度」が合っていない可能性もあります。
> リスト4-1では「9600bps」で通信しています。「シリアル・モニタ」のデフォルトは「9600bps」のはずですが、ウィンドウ右下の選択肢が「9600bps」になっているかを、念のため確認してください。

4-3 「状態」をパソコンに送る仕組み

では、**リスト4-1**のプログラムの動作を説明していきます。

今回は、新しいことがいくつか出てきますので、少しずつ理解していきましょう。

■ 変数「val」の宣言・初期化

まず、最初に①の部分に、
```
int val=0;
```
という行があります。

これまでは「void setup()」の前には何もなかったのですが、これは、何でしょうか。

これは「変数」と呼ばれるものを設定している行です。

第4章　ボタンが押されたかをパソコンに表示しよう

　「変数」とは、プログラムの処理の中で自由に「数値」や「文字」などの情報を入れられる入れ物です。
　「変数」には、自由に「名前」を付けることができ、ここでは「val」と名付けています。

　「変数」を使うときは、「どのような種類のデータを保存するのか」をあらかじめ決めておかなければなりません。これを「型」(かた)と言い、「整数」「文字列」など、さまざまな種類があります。
　ここでは、「型」として「int」を指定しています。intは「integer」の略で、「整数」であることを示します。

　「変数」を使うときには、
```
int val;
```
のように「型」と「名前」をあらかじめ、記述しておく必要があります。これを「変数の宣言」と言います。
　このように書くことによって、「valは整数を入れる入れ物です」という意味になります。

　ここではさらに、
```
int val=0;
```
のように、後ろに「=0」と記述しています。
　これは、「valは整数を入れる入れ物で、最初は0を入れます」という意味になります。これを「変数を0で初期化する」といいます。

　つまり、「int val=0;」の行は、
・「val」いう名前の入れ物(変数)が作られ、そこに整数0を入れている処理
となります。

＊

　すぐあとに説明しますが、この「変数val」は、後続の処理にて、LEDが点灯したときには「1」を、消灯したときには「0」を入れる目的で使います。

　LEDが点灯したときのように、特定の処理をしたときに目印となるデータを変数に入れることをコンピュータの世界では「フラグ(flag：旗の意味)を立てる」などということもあります。

[4-3] 「状態」をパソコンに送る仕組み

＊

　Arduinoスケッチのプログラムでは、この例のように、後続の処理などで、何か値を一時的に保存したいのなら、スケッチの冒頭部分で変数を宣言して初期化するのが基本です。

> 　プログラムによっては、「冒頭」以外で宣言することもあります。
> しかし、本書で取り扱うプログラムの範囲では、冒頭部分で宣言するもののみとします。

■ パソコンとの通信を設定する

　「void setup()」では、②の部分に、パソコンとの通信を設定する命令を記述しています。次の「Serial.begin」というのが、それです。

```
Serial.begin(9600);
```

　この「Serial.begin(9600)」が、ArduinoがUSBケーブルを通じてパソコンとデータをやりとりするための処理です。

　渡している「9600」という数字は、パソコンとの通信速度で「9600bps (bits per second)」という意味です。Arduinoと通信するときのデフォルトの通信速度です。決して速い速度ではありませんが、今回のように、文字をパソコンに送信するだけなら、「9600」で問題ありません。

> 　「bps」は、「bits per second」の略で、1秒間に送信するビット数です。
> 9600bpsだと、1秒間に9600ビット（1バイトは8ビットなので、バイトで示すと9600÷8=1200バイト）の速度で通信します。

■ パソコンに文字を送信する

　次に、ボタンが押されたときに「LED ON!」、離されたときに「LED OFF!」と表示する処理が、どのように作られているのかを説明します。

● ここまでの動作のまとめ

　少し説明が込み入ってきたので、一度、リスト4-1のスケッチの動きを最初から追ってみましょう。

　今回のスケッチで最初に処理されるのは、変数「val」を用意して「0」で初期

第4章　ボタンが押されたかをパソコンに表示しよう

化する「int val=0」です。ここで「val」に「0」がセットされます。

```
int val=0;
```

次に、「void setup()」の処理で、この中で各ピンを入力と出力のどちらに使うのか、そして、パソコンとの通信の設定をしています。

```
void setup()
{
    pinMode(3, OUTPUT);
    pinMode(7, INPUT);
    Serial.begin(9600);
}
```

そして、「void loop()」になります。「void loop()」は、次のように記述しており、ボタンが押されていないときは、「if(digitalRead(7))」の「{ }」の中に処理が入っていきます。

「{ }」の中には「digitalWrite(3, HIGH)」の処理があるので、LEDが点灯します。

ここまでは前回と同じです。

```
void loop()
{
    if(digitalRead(7))
    {
        digitalWrite(3, HIGH);
…以下、続く…
```

● 「if文」で変数の値を調べる

さて、この処理から先を見ていきましょう。**リスト4-1**の③の部分は、次のように記述しています。

```
if(val==0)
{
    Serial.println("LED ON!");
    val=1;
}
```

> **メモ**　このif(val==0)には、一致しなかったときのelseの処理がありませんが、これは、一致しなかったときに実行したい処理が、何もないからです。一致しないときに実行したい処理がないときは、elseを省略できます。

この中の、「val==0」について、「=」が2つあるのは誤植ではありません。「==」は比較演算子と呼ばれるもので、この記号の左と右にあるものが等しいかどうかを比較します。

ここでは「val」と「0」を比較しているので、「valは0と等しいか？」という意味になります。

つまり「if(val==0)」は「valが0と等しいかどうかを比較し、そうであるならifの{ }内の処理をする」というものになります。

ここまでの処理の流れにおいて、変数「val」は、最初の初期化（**リスト4-1**の①の部分）で「0」を設定したままなので、このifの条件を満たし、処理は、その直後の{に入っていきます。

そのため、**リスト4-1**の④⑤に記した、次の処理が実行されます。

```
Serial.println("LED ON!");
val=1;
```

● パソコンに文字を表示する

さて、④にある、

```
Serial.println("LED ON!");
```

が、パソコンに文字を表示するための処理です。

「Serial」は、パソコンと通信するUSBの「通信ポート」を指しています。「println("LED ON!")」とすると、その「USBポート」に対して「LED ON!」という文字列が出力されます。

その結果、**図4-3**に示したように、シリアル・モニタに「LED ON!」と表示されるのです。

● ボタンの状態が変わったときだけ表示する

出力が終わると、次に、⑤の処理が実行されます。

```
val=1;
```

これは変数「val」を「1」と等しくする、つまり「valを1に設定する」という意味になります。このように値を設定することを「代入」と言います。

第4章　ボタンが押されたかをパソコンに表示しよう

> **メモ**　代入のときは「=」は1つです。それに対して、先に説明したように、「if」などで比較するときは「==」のように「=」を2つ重ねて記述します。

先に、「変数val」は、
・後続の処理にて、LEDが点灯したときには「1」を、消灯したときには「0」を入れる目的で使います。

と書きました。

この⑤の処理は、ここで定めたように、ボタンが押され、LEDが点灯する処理が実行されたタイミングに合わせて、変数「val」に「1」を設定するというものです。

では、なぜそもそも変数「val」を作って、点灯しているという目印を設定する必要があるのでしょうか？
その原因は、「void loop()」にあります。

Arduinoにおけるプログラムの処理は非常に高速です。今回のような単純なスケッチだと、1秒間に数千回以上、繰り返し実行できてしまいます。

そのため、変数「val」で、「点灯した」というマークを付けず、loopが実行されるたびに、「Serial.println("LED ON!")」を実行してしまうと、1秒間に数千行もの、目まぐるしい早さで、シリアル・モニタに、どんどん表示されてしまい、とても見づらいものになってしまいます。

そこで、ボタンを押して1回「LED ON!」を表示したら、ボタンを押し続けて点灯する処理を繰り返しても、次は、「Serial.println("LED ON!")」を実行しないようにしているのです。そうすれば、最初の1回しか表示されません。

＊

今回の処理では、最初に「val=0」として初期化しているので、変数valの値は、はじめは「0」です。

ですからボタンが押されて最初に点灯処理をするタイミングでは、「if(val==0)」が成り立つので、「LED ON!」と表示されます。
このとき、「val=1」を設定しています。そのため、「void loop()」で、もう一

度繰り返し実行されたときには、「if(val==0)」は成り立たないので、「{ }」の中にある「Serial.println("LED ON!")」は実行されず、「LED ON!」と表示されません。

● 「ボタン」が「離されている」ときの処理も同じ

これでボタンが押されていたときのLEDを点灯させる処理である「if(digitalRead(7))」の直後の「{ }」の中身の意味は、分かりましたか？

この処理が分かれば、後半の⑥にあるelseの部分も、分かるはずです。

「else」の部分は、消灯処理です。LEDを消灯し、「LED OFF!」と出力するという違いしかありません。

```
digitalWrite(3, LOW);
if(val==1)
{
   Serial.println("LED OFF!");
   val=0;
}
```

4-4 「チャタリング」を回避する

最後に、⑦の部分に記述してある「delay(10)」について説明します。

```
delay(10);
```

「delay」は「待つ命令」だと説明しました。つまり、この例だと、「10ミリ秒(0.01秒)待つ」という意味になります。

では、なぜ、この命令が必要なのでしょうか？　それは、ボタンの機械的な構造が関連しています。

> **メモ**　以下の説明は少し難しいので、難しいと感じたら、「ボタンのときは、その出力が落ち着くまで、少しのdelayが必要」とだけ覚えておけば充分です。
> 最初は、丸写しでも構わないので、何かしら理由があって書いていることだけ頭の片隅に置いておいてください。

■ ボタンのチャタリング現象

「Groveモジュール」として提供されている「ボタン・モジュール」に搭載されているボタンは、一般的な「ボタン・スイッチ」で、最初はバネで接点が離

第4章 ボタンが押されたかをパソコンに表示しよう

れており、「ボタンを押すと接点がつながって電流が流れる」というシンプルな構造をしています。

このような構造のボタンは、押されて接点とつながる瞬間に着目すると、接点がバウンドしたり、こすれたりするのが原因で、非常に短い時間に接続と切断を繰り返す現象があります。

これを「チャタリング」と言います。

「チャタリング」が発生すると、ごく短時間にONとOFFが繰り返されるので、一回しかボタンを押していなくても、「シリアル・モニタ」からは複数行の「LED ON!」「LED OFF!」が表示されます。

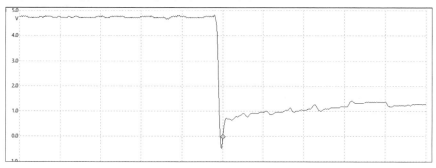

図4-4　チャタリング

（「オン/オフ」したとき、すぐに切り替わらないで、細かく「オン/オフ」を繰り返す）

「チャタリング」は、多くの場合10ミリ秒も掛からず収束します。

リスト4-1の⑦に書いた、「delay(10)」は、このチャタリングが収束するまでの待ち時間です。

10ミリ秒程度、処理を一時停止して、次のloopに入ればチャタリングが生じている間だけ待てるので、ボタンの誤検知を回避できます。

> **メモ**
> 「チャタリング」は、いつでも発生しています。
> つまり、**第3章**で説明した、「ボタンのオン/オフでLEDを光らせる場合」でも、実際には、チャタリングが発生して、ボタンを押したときや離したりした瞬間は、とても短い間隔でLEDが点いたり消えたりしています。
> しかし、その時間はとても短く、人間の目で確認できません。そのためリスト3-1のスケッチでは、delay(10)を省略しています。

*

[4-4] 「チャタリング」を回避する

　以上で、Arduinoから「データ」を「シリアル・モニタ」に表示する説明は、終わりです。

　この章では、シリアル出力に関する説明以外に、変数を扱うというプログラムそのものの説明もしました。

　変数は、慣れないと少し難しいかも知れませんが、プログラムを扱う上で必要となるものです。

　実際に触れつつ、少しずつその扱い方を覚えていきましょう。

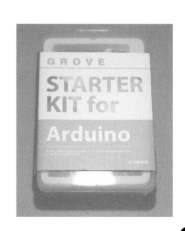

第5章
「ブザー」を使ってメロディを演奏しよう

「ブザー・モジュール」を使うと、音を出せます。
「ブー」という音を鳴らすだけでなく、簡単なメロディも奏でることができます。
この章では、「ブザー・モジュール」を使って、簡単な音階を奏でてみます。

5-1　「ブザー・モジュール」とは

　この章では、「スターター・キット」に含まれる「ブザー・モジュール」を使って、「ドレミファソラシド」という音階を奏でてみます。

　「ブザー・モジュール」は、比較的大きめの、丸くて黒い部品が乗ったモジュールです。
　「音センサ・モジュール」(第8章で説明)と似ていますが、「ブザー」は丸い部品の中央に穴が開いています。

図5-1　ブザー・モジュール

5-2 「ブザー・モジュール」を接続する

では、「ベース・シールド」に、「ブザー・モジュール」を取り付けましょう。

「ベース・シールド」に何かモジュールが取り付けてあったら、一度、すべてを取り外してください。

そして、「ブザー・モジュール」を取り付けます。ここでは「D4」コネクタに接続してください。

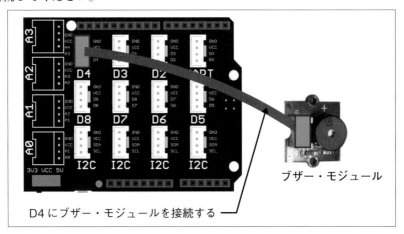

図5-2 「ブザー・モジュール」を「D4」コネクタに取り付ける

5-3 「ブザー」で音階を鳴らす「スケッチ」

では、プログラミングしていきましょう。

「ブザー」を使って「音階」を鳴らす「スケッチ」は、とてもシンプルで、**リスト5-1**のようになります。

リスト5-1 ブザーで音階を鳴らすスケッチ

```
void setup()
{
  pinMode(4,OUTPUT);  ———— ①D4を出力に
}

void loop()
{
```

第5章 「ブザー」を使ってメロディを演奏しよう

```
tone(4,262,500) ;// ド          ――――②「ド」を鳴らす
delay(500) ;                    ――――③500ミリ秒、待つ
tone(4,294,500) ;// レ
delay(500) ;
tone(4,330,500) ;// ミ
delay(500) ;
tone(4,349,500) ;// ファ
delay(500) ;
tone(4,392,500) ;// ソ
delay(500) ;
tone(4,440,500) ;// ラ
delay(500) ;
tone(4,494,500) ;// シ
delay(500) ;
tone(4,523,500) ;// ド
delay(500) ;
delay(5000) ;   // 5秒待ってから繰り返し
```

■ コメント文

　はじめに、**リスト5-1**で登場している、スラッシュが2つ並んだ「//」という記号の意味を説明しておきます。

```
tone(4,262,500) ;// ド
```

　「//」は「コメント用の記号」で、この「記号」より後ろに書かれたものは「処理に影響を与えないコメント」という扱いになります。
　「//」から改行されるまでに記述された文字は、プログラムの処理では無視されます。

　「コメント」はプログラムの処理としては不要ですが、私たち人間からすれば、その処理が何をしているかを説明する重要なものです。
　たとえば、上の例だと、「// ド」と書いているので、「ドという音を鳴らす処理だな」ということが、なんとなく分かります。

　「コメント」がないプログラムは、後で自分が読み返したり、他の人が読んだりするときに、とても読みにくいものになります。
　プログラムを作る際には、適時「コメント」をつける癖をつけておきましょう。

■「ピン」を出力に設定する

　最初に実行される「void setup()」の部分では、①にあるように、「pinMode」という命令を実行しています。

```
pinMode(4,OUTPUT);
```

　上記のプログラムは、「D4」コネクタを出力用に設定するという意味です。
　図5-2では、「ブザー・モジュール」を「D4」コネクタに接続しているので、このように出力用に設定しておき、「D4」コネクタの「電圧」を変化させることで、「音」を鳴らせるようにします。

■「tone」を使って「音」を鳴らす

「音」を鳴らすには、「tone」という命令を使います。
「tone」には、3つのデータを渡します。

＊

例として、**リスト5-1**の②にある「tone(4,262,500)」を見ながら説明します。

```
tone(4,262,500) ;// ド
```

「tone」に渡すべき値は、「ピン番号」「周波数」「鳴らす時間」の3つです。

---

①ピン番号
　今回は、「ブザー・モジュール」を「D4」コネクタに接続しているので、ピン番号には「4」を指定します。

②周波数
　次に周波数ですが、ここでは「262」という数値を渡しています。
　これは音階の「ド」に相当する周波数です。
　「ド」の周波数は、厳密には「261.63Hz」ですが、ここでは四捨五入して整数で「262」を渡しています。
　「周波数」と「音階」の対応を**表5-1**に示します。なお、オクターブを上げるときは周波数を「2倍」に、オクターブを下げるときは「半分」にします。

第5章 「ブザー」を使ってメロディを演奏しよう

表5-1 音階の周波数

音階	周波数	音階	周波数
ド	261.63Hz	ファ♯	369.99Hz
ド♯	277.18Hz	ソ	392.00Hz
レ	293.67Hz	ソ♯	415.31Hz
レ♯	311.13Hz	ラ	440.00Hz
ミ	329.63Hz	ラ♯	466.16Hz
ファ	349.23Hz	シ	493.88Hz

③鳴らす時間

最後に「鳴らす時間」ですが、ここでは「500ミリ秒」(0.5秒)を指定しました。

この値は自分の好きなように設定してかまいませんが、変更する場合は、後述の「delay」の設定も、それに合わせてください。

■「音」を鳴らした後の待ち時間

「tone」を実行すると「音」が鳴りますが、その後には「待ち時間」が必要です。一定時間待つには、「delay」という命令を使います。

たとえば、リスト5-1では③のように、音を鳴らした後に「500ミリ秒」待っています。

```
delay(500);
```

「待つ時間」は、先の「tone」命令の最後に指定した「鳴らす時間」と同等、あるいはそれ以上の時間が必要です。

「Arduino」のプログラム処理では、「tone」の処理を実行したら、指定した時間を待たずに、処理が次の行に移ります。

鳴らし終わらずに次の「tone」が実行されると、それまで鳴らしていた音は中断され、新しい「tone」の音が鳴り始めます。

そのため、指定した音をしっかり鳴らすためには、「delay」を使って音を出

している間は、次の行に処理が移らないよう、待たなければなりません。

すなわち、「tone」で「500ミリ秒」鳴らすのであれば、「delay」で「500ミリ秒」以上の待ち時間が必要です。

＊

残りの「レミファソラシ」の処理も、周波数が異なるだけで、処理は同じです。「tone」の意味さえしっかりつかめれば、それほど難しくないと思います。

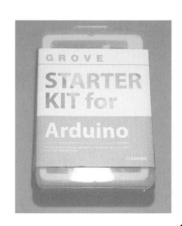

第6章
「リレー」を使ってみよう

> この章では、「リレー・モジュール」を使って、「モータ」など汎用的な機器を「オン/オフ」できるようにします。
> 「リレー」を使うと、大きな電力を必要とする機器もArduinoで制御できます。

6-1　「リレー」と「リレー・モジュール」

この章では、「リレー」について学びます。

おそらく本書を読んでいる半数くらいの人は、「リレー」という電子部品に、馴染みがないのではないかと思います。

「スターター・キット」には、基板上に「コネクタ」と「緑の端子」、「大きな黒いボックス」で構成されたモジュールがあると思います。それが「リレー・モジュール」です。

図6-1　リレー・モジュール

「リレー・モジュール」は、ひとことで言えば「スイッチ」です。
「スイッチ」と言えば、ここまで使ってきた「ボタン・モジュール」を思い浮かべるかもしれません。
基本的な動きは、同じです。しかし、使い方が異なります。

[6-1] 「リレー」と「リレー・モジュール」

■「リレー」を使えば、大きな電力のものも動かせる

　ここまで「ボタン・モジュール」を使って、「LED」を光らせたり「ブザー」を鳴らしたりしました。
　このとき、「LED」を光らせたり「ブザー」を鳴らしたりするための電力は、どこから得ていたでしょうか。

＊

　その答は、USBです。
　USBから得られる電力は、さほど大きくないため、LEDを光らせたりブザーを鳴らしたりすることはできますが、「モータ」のような大きな電力を消費する部品を動かすことはできません。

＊

　では「モータ」など消費電力が大きなものをArduinoで動かしたいときは、どうすればよいのでしょうか。

　そうしたいときは、まずArduinoとは関係なく、単独で「電源」と「モータ」をつないだ回路を作ります。
　イメージとしては「乾電池」に「モータ」をつないだものを想像してください。
　その状態だと、常に「モータ」は回り続けているため、スイッチが必要になりますね。
　その「スイッチ」として「リレー・モジュール」を使うのです。

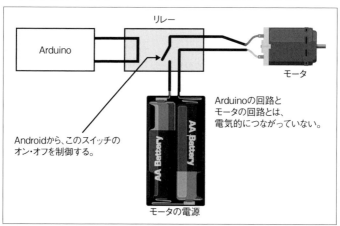

図6-2　リレー・モジュールを使って、モータを「オン/オフ」する

第6章 「リレー」を使ってみよう

　これまでの章では、Arduinoをメインに見てきましたが「リレー」を使う場合は「リレー・モジュール」を含めたArduinoそのものが(モータを使う回路をメインとした)「スイッチ」となります。
　Arduinoを「スイッチ」とすることで、プログラムによる複雑なモータ制御も可能になります。

■「リレー」の仕組み

　そもそも「リレー」とは、どのようなものでしょうか。
　実は中身はそれほど難しくなく、基本は「電磁石」と「鉄」で出来た「スイッチ」で構成されています。
　この「鉄」のスイッチは「電磁石」の力で開閉します。
　その「電磁石」はArduinoからの「電力」を受けて動作します。

> **メモ** 後ほど実際に行ないますが、Arduinoの「リレー」に「電力」を送って電磁石を動かすと"カチッ"と音がします。これは「電磁石」により「スイッチ」が引き寄せられ、接点につながった音です。

　この「電磁石」の動きによって、つないだモータなど、他の回路の「オン/オフ」を制御するのです。

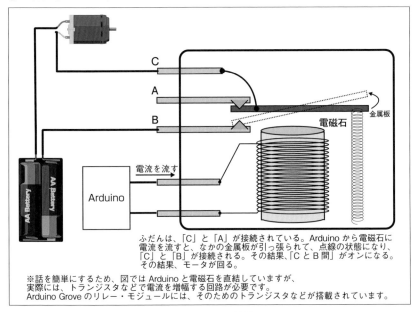

ふだんは、「C」と「A」が接続されている。Arduinoから電磁石に電流を流すと、なかの金属板が引っ張られ、点線の状態になり、「C」と「B」が接続される。その結果、「CとB間」がオンになる。
その結果、モータが回る。

※話を簡単にするため、図ではArduinoと電磁石を直結していますが、実際には、トランジスタなどで電流を増幅する回路が必要です。
Arduino Groveのリレー・モジュールには、そのためのトランジスタなどが搭載されています。

図6-3　リレーの仕組み

6-2 「リレー・モジュール」を接続する

では実際に、接続していきましょう。

「スターター・キット」には、「リレー」で制御するものとなる「モータ」や「乾電池」は付いていないので、本書では「リレー」の先の回路は作らず、単純に「リレー」が「オン/オフ」するかという確認までとします。

この章の例では、「ベース・シールド」に「ボタン・モジュール」と「リレー・モジュール」を取り付け、「ボタン」の「オン/オフ」によって、「リレー」が「オン/オフ」する仕組みを作っていきます。

メモ その「リレー」に「モータ」などをつなげば、「モータ」が回ったり止まったりと「オン/オフ」を制御できますが、「スターター・キット」には含まれないので、ここでは何も接続しません。

では、いつものように「ベース・シールド」に「モジュール」を取り付けていきましょう。

「ボタン・モジュール」は、これまでのように「D7」コネクタに取り付けましょう。「リレー・モジュール」(形状については前掲の図6-1を参照)は、隣の「D8」に取り付けましょう。

メモ リレーを扱うときには、配線に充分注意してください。
「Arduino Grove」では、部品が「モジュール化」され、「コネクタ」で接続するため、誤接続はまずありませんが、「リレー」の周りには、「Arduinoなどの制御用回路」と「モータなどの大電流が流れる回路」の接続端子が、近いところにあります。
誤ってモータなどの大電力が流れる回路をArduinoに接続してしまうと、Arduinoの基板に大電流が流れ、破損や焼損することがあります。

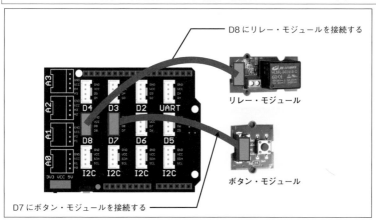

図6-4　ボタン・モジュールとリレー・モジュールを接続する

第6章 「リレー」を使ってみよう

6-3 「リレー」を「オン/オフ」するスケッチ

「モジュール」の取り付けが終わったら、「スケッチ」を作っていきましょう。

この章では、「ボタン・モジュール」のボタンを押すと「リレー」のスイッチが入り、離すと「リレー」のスイッチが切れるという動作にします。

そのようなスケッチは、**リスト6-1**のようになります。

リスト6-1 リレーを操作するスケッチ

```
int val = 0;                          ①変数の宣言と初期化

void setup() {
  pinMode(7, INPUT);                  ②D7を入力に、D8を出力に設定
  pinMode(8, OUTPUT);
}

void loop()
{
  val = digitalRead(7);               ③D7の状態を取得する
  if (val == HIGH)                    ④D7がオンかどうかを調べる
  {
      digitalWrite(8, HIGH);          ⑤D8に電圧をかける
  }
  else
  {
      digitalWrite(8, LOW);           ⑥D8にかける電圧を停止する
  }
  delay(10);                          ⑦チャタリングを防ぐ
}
```

*

「スケッチ」を入力したら、コンパイルし、Arduinoに書き込んで実行してみてください。

「ボタン・モジュール」のボタンを押すと、「リレー」が「カチッ」というと音がしてモジュール上の小さな赤い「LED」が点灯するはずです（この状態がオン）、そしてボタンを放すと、消えるはずです（この状態が「オフ」）。

[6-3]「リレー」を「オン／オフ」するスケッチ

> **Column** 実際に「モータ」や「豆電球」などの回路をつないでみる
>
> もし、「モータ」と「電池」を買い足せば、「リレー」の先につないで、「リレー」の「オン／オフ」によって、「モータ」を「オン／オフ」できます。
>
> リレーに、「モータ」などの別回路を接続するときは、リレー・モジュール上の緑の部品に接続します。
>
> 「緑の部品」は、上から見ると「−」に切り込みがあり、「ネジ」になっています。このネジは、「精密ドライバ」で回して、緩めたり締めたりできます。
>
> 配線するときは、緩めた状態で横の口から導線を差し込みます。差し込んだら、ネジを締めます。
>
>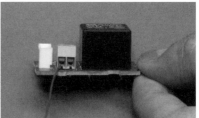
>
> **図6-A　リレー・モジュールの緑の部品に配線する**

■ 変数「val」の宣言と初期化

リスト6-1のプログラムは、特に新しい処理はなく、今まで学んだことだけで記述できます。

とは言っても、まだうろ覚えの部分もあるかと思うので、復習がてら、全体の流れを見ていきましょう。

＊

最初に実行されるのは、**リスト6-1**の①にある「int val=0」の部分です。

```
int val = 0;
```

これは、**第4章**で説明した通り、

・「int val」は整数（int）が入る変数（入れ物）を設定する（＝宣言する）
・val=0は、0を入れて初期化する処理

第6章 「リレー」を使ってみよう

という意味です。

> **メモ** ここでは、「val」を「0」で初期化していますが、「スイッチが押されていない状態」という意味で、「int val=LOW」のように「LOW」という値で初期化してもかまいません。
> 「LOW」は、Arduinoが持つ固有の変数ですが、中身は「0」という値が設定されているため、結果として「val=0」も「val=LOW」も同じ意味になります。

■「void setup()」でピンの入出力を設定する

続いて実行されるのが、「void setup()」の部分です（**リスト6-1**の②）。

```
void setup() {
  pinMode(7, INPUT);
  pinMode(8, OUTPUT);
}
```

＊

ここに書かれていることは、これまで作ってきたプログラムと同じ流れです。

今回は、「D7」コネクタに「ボタン・モジュール」を接続し、「D8」コネクタに「リレー・モジュール」を接続しています。

前者は、Arduinoにとって「入力装置」に当たるので、「INPUT」を設定しています。

```
pinMode(7, INPUT);
```

後者は、Arduinoから信号を送って（電圧をかけて）動作させる「出力装置」に当たるので、「OUTPUT」を設定します。

```
pinMode(8, OUTPUT);
```

■「void loop()」でリレーを制御する

続いて実行されるのが、「void loop()」の部分です。

● ボタンの状態を取得する

リスト6-1の③の部分には、次の処理があります。

```
val = digitalRead(7);
```

この「digitalRead」は、指定したピン番号に、電圧がかかっているかどうか

読み取る処理でした。

　ここでは7番ピン、つまり「ボタン・モジュール」がつながっている「D7」コネクタの状態を読み取り、「val」という変数に代入しています。

　digitalReadで読み取れる値は、
・ボタンが押されていれば「HIGH (= 1)」
・押されていなければ「LOW (= 0)」
となります。
　つまり、この処理によって、ボタンが押されていれば、「val」変数が「HIGH」に、押されていなければ「LOW」に、それぞれ設定されます。

● 「ボタンの状態」に応じて「リレー」を「オン/オフ」する
　次の行は、④にある「if (val == HIGH)」です。

```
if (val == HIGH)
{
…略…
}
else
{
…略…
}
```

　ここでは、比較演算子の「==」を使って2つのデータを比較し、一致するならば「if」の「{ }」内の処理をし、一致しなければ「else{ }」の処理をしています。

　「if」の「( )」で指定した条件は、「val==HIGH」としています。
　すなわち、「val」の値が「HIGH」であるかどうかを判定し、「HIGH」であればその直後の「{ }」内を処理します。

　「val」は、③の処理で「digitalRead(7)」の値ですから、「D7」コネクタに接続した「ボタン・モジュール」が押されたかどうかを示す値です。
　これが「HIGH」ということは、ボタンが押されているということです。

　押されたときに実行される「{ }」の中身では、次のように、「digitalWrite(8, HIGH)」を実行しています (**リスト6-1**の⑤)。

```
digitalWrite(8, HIGH);
```

第6章　「リレー」を使ってみよう

　本書では、これまで「digitalWrite」は、「LED」を光らせるプログラムを作ってきたときからずっと、「信号を送る」（電圧をかける）という意味で使ってきました。

　ここでも同じで、Arduinoから8番ピン、つまり「リレー・モジュール」が接続された「D8」コネクタに対して電圧をかける処理をしています。

　そうすることで「リレー」に電圧がかかり、「電磁石」が動作して「スイッチ」が入るというわけです。

　ボタンを放しているときには、「if」と対称となる「else」の「{　}」の中が実行されます。

　ここには、⑥に示すように、8番ピンを「LOW」に設定する処理を記述しています。

```
digitalWrite(8, LOW);
```

　「LOW」を指定することで、8番ピンに電圧がかからなくなる——つまり「オフ」になります。

■「チャタリング」を防ぐ

　「if」と「else」の処理が終わったところで、最後に記述されているのは、⑦の「delay(10)」です。

```
delay(10);
```

　これは「4-4　チャタリングを回避する」のところで説明したように、物理スイッチ特有の現象である「チャタリング」という、スイッチが入る瞬間にONとOFFが繰り返される状態を回避するためのものです。

＊

　「リレー」を使ったプログラムは、以上となります。

　「リレー」は、電子パーツに詳しくないと、なかなか使いどころが分かりませんが、「テレビ」や「車」など、多くのところで利用されている部品です。

　これを機に、使いどころを考えてみてください。

アナログ編

第7章
「回転角度モジュール」を使ってみよう

ここまで扱ってきたのは、「ボタン・モジュール」や「タッチセンサ・モジュール」など、「オン」と「オフ」の状態しかないもので、「デジタル値」と呼ばれるものです。
Arduinoでは、こうした「デジタル値」だけでなく、連続的に値が変化する「アナログ値」を扱うこともできます。
この章では、手で「ツマミ」を回すと、「値が連続的に変化する回転角度モジュール」を使って、値が連続して変わる様子を見ていきます。

7-1　「アナログ」と「デジタル」

　前章までは、主に「デジタル・モジュール」を扱ってきました。
　デジタルとは、
・LEDなら、点灯する／消灯する
・ボタンなら、押されている／放されている
といったように、入力や出力の動作が「オン」か「オフ」かの「オール・オア・ナッシング」で扱われるものです。

　この章では、「デジタル・モジュール」とは少し趣が異なる「アナログ・モジュール」を扱っていきます。
　「アナログ・モジュール」は、「デジタル・モジュール」と違って、
・光なら、どの程度の明るさか
・音なら、どの程度の音量か
など、中間的な状態も扱うものです。

■「アナログ・モジュール」の値を確認する

「アナログ・モジュール」は、その程度を「数値」として「定量的」にもっています。

たとえば、「光センサ・モジュール」なら「どの程度の明るさなのか」を数値化したデータをもっています。

その数値を確認する確実な方法は、「USB」で接続したパソコンの「シリアル・モニタ」に表示することです。

「シリアル・モニタ」にデータを表示する方法については、すでに第4章で説明しました。

この章では、第4章の内容を学習済みとの前提で話を進めていきます。

まだの人は、先に第4章を読んでから読み進めてください。

7-2 「回転角度モジュール」を接続する

この章では、最初に使う「アナログ・モジュール」として、「回転角度モジュール」を使います。

「回転角度モジュール」と言うと分かりにくいですが、オーディオの「ボリューム」など、「ダイヤル」を回して出力をコントロールする部品として使われているもので、「可変抵抗器」とも呼ばれます。

「回転角度モジュール」は、コネクタと黒い棒状のつまみで構成された部品です。

図7-1　回転角度モジュール

「ベース・シールド」との接続は、これまでと同様に「4ピン・ケーブル」を使いますが、接続先は、Arduinoシールドの「A0」コネクタとします。

第7章 「回転角度モジュール」を使ってみよう

すでに気づいているかもしれませんが、ベース・シールドの「D7」コネクタなどの「D」は「デジタル・モジュール用のコネクタ」で、「A0」などの「A」は、「アナログ・モジュール用のコネクタ」です。

「アナログ・モジュール」を「D」のコネクタに間違って接続しないように注意してください。

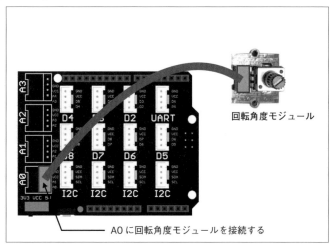

図7-2 回転角度モジュールを「A0コネクタ」に接続する

7-3 「回転角」を表示するスケッチ

では、スケッチを作っていきましょう。
リスト7-1に示すプログラムは、1秒ごとに「回転角度モジュールの角度」を「シリアル・モニタ」に表示するものです。

リスト 7-1 「回転角」を「シリアル・モニタ」に表示

```
int val = 0; ──①変数の宣言と初期化

void setup()
{
    Serial.begin(9600); ──②シリアルの設定
}

void loop()
{
    val=analogRead(A0); ──③A0の値を取得する
```

[7-3] 「回転角」を表示するスケッチ

```
    Serial.println(val);──④シリアル・モニタに表示する
    delay(1000);──⑤1秒待つ
}
```

■ プログラムを実行する

リスト7-1を入力してコンパイルし、Arduinoに書き込んで実行してください。

実行したら、「Arduino IDE」のメニューから、[ツール]―[シリアル・モニタ]を開いてください。すると、1秒ごとに数字が表示されていくはずです。

この数字は、「回転角度モジュール」の現在の「つまみ位置」を示しています。

値は、左に回して全閉状態で「1023」、右に回して全開状態で「0」の値を示すもので、「1024段階」で「中間の回転位置」の状態を表わしています。

リスト7-1に示したスケッチは、このように「値を表示する」だけの動作ですが、実用的な使い方としては、Arduinoで「回転位置」に応じて、他のモジュールの出力を上げ下げするような形で使います（その例は、**第11章**で説明します）。

>
> 「アナログ信号」は、「ノイズ」や「環境変化」に左右されるので、「シリアル・モニタ」に表示される値は、まったくつまみを動かしていなくても、わずかに増減することがあります。

図7-3　つまみを左右に回すと、値が変化する

第7章 「回転角度モジュール」を使ってみよう

■ アナログ・モジュールの値を読み取る仕組み

では、リスト7-1のプログラムは、どのような仕組みで動いているのかを見ていきましょう。

● 変数の初期化

最初に実行されるのは①の部分で、これは、何度か出てきた変数の宣言と初期化です。

```
int val = 0;
```

今回は、この変数「val」を、「回転角度モジュール」の「回転位置」を格納する変数として使っていきます。

●「シリアル」の設定

次に実行されるのが、「void setup()」の部分です。
この部分では、まず、②にあるように「Serial.begin(9600)」を実行します。

```
Serial.begin(9600);
```

これは第4章で説明したように、パソコンとArduinoとを接続する場合の「通信速度」の設定です。
このサンプルでは、「回転角度モジュール」から取得した値を、パソコン側の「シリアル・モニタ」に表示するため、この設定が必須となります。

次に、いままではpinModeを使って「入力」か「出力」かを設定しましたが、アナログモジュールの場合は、この設定をしません。つまり、

【間違い】 `pinMode(A0, INPUT)`

のように実行しないように注意してください。

● データの読み取りとシリアル・モニタへの表示

続いて実行されるのが、「void loop()」の部分です。
最初に実行されるのは、③にある「val=analogRead(A0)」です。

```
val=analogRead(A0);
```

すでに「digitalRead」を何度も見てきた読者ならば、およその察しがついているかと思います。

[7-3] 「回転角」を表示するスケッチ

　「analogRead」は、「アナログ・モジュール」の「アナログ値」を読み取る処理で、括弧の中には、読み取りたいピン、つまりベース・シールドなら読み取りたい「コネクタの番号」を指定します。

　ここでは、「A0」コネクタに接続されている「回転角度モジュール」を読み取りたいので、「analogRead(A0)」とし、読み取った値を変数「val」に格納しています。
　つまり、この命令が実行された結果、変数「val」には「回転角度モジュールの回転具合」が格納されます。

＊

　次に実行されるのが、④にある「Serial.println(val)」です。

```
Serial.println(val);
```

　Serial.printlnは、「( )」の中の値を改行付きで「シリアル・モニタ」に出力する命令です。
　今回は「val」を渡しているので、「val」の中身、つまり「A0の読み取り値」が出力されます。

＊

　最後に実行されるのが、⑤にある「delay(1000)」です。

```
delay(1000);
```

　「4-4　チャタリングを回避する」で説明していますが、Arduinoの処理は非常に高速なので、この「delay」がないと、1秒間にものすごい回数の「ループ」および「出力」が行なわれ、「シリアル・モニタ」がとても読みづらいものとなります。
　そこで「delay(1000)」とすることで「1000ミリ秒」、つまり「1秒」待ち、概ね「1秒」間隔で繰り返し、「回転角度モジュール」から読み取るように制御しています。

＊

　以上が、「回転角度モジュール」の基本的な使い方です。

　次章以降では、「音センサ」や「光センサ」など、他のアナログ・モジュールを使っていきますが、基本的な扱い方は、ここで説明した「回転角度モジュール」と変わりません。

第8章
「音センサ」を使ってみよう

「音センサ」を使うと、周囲の「音の大きさ」を調べられます。この章では、「音センサ」を利用して、手を叩くなど「大きな音」を出したときに「LEDが光る」ようにしてみましょう。

8-1　「音センサ・モジュール」とは

この章では、「音センサ・モジュール」を使います。

＊

「音センサ・モジュール」は、文字通り「音」を検知し、その音の大きさを数値化するためのアナログ・モジュールです。

この章では、まず「音センサ・モジュール」を接続し、そのモジュールで取得した「音の大きさ」を「シリアル・モニタ」に表示することで、基本的な使い方を学びます。

その後「LED」を組み合わせて、「大きな音が鳴ったときにLEDを光らせる」という応用プログラムを作っていくことにします。

8-2　「音センサ・モジュール」を接続する

「音センサ・モジュール」は、基板上に「コネクタ」と「平たい円柱型の部品」が組み合わされたものです。

「ブザー」と似ていますが、「ブザー」は円柱の中心に穴が開いているのに対し、「音センサ」は穴が開いていません。間違えないようにしてください。

[8-2] 「音センサ・モジュール」を接続する

図8-1　音センサ・モジュール

「音センサ・モジュール」と「Arduino」とは、これまでと同じく「4ピン・ケーブル」で接続します。

前章と同様に、今回も「A0」コネクタに接続することにします。

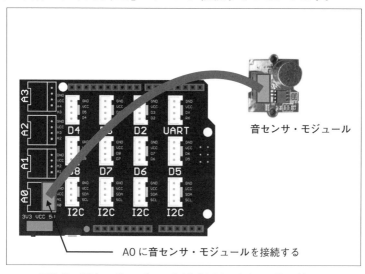

図8-2　「音センサ・モジュール」を「A0」コネクタに取り付ける

第8章 「音センサ」を使ってみよう

8-3 「音の大きさ」を表示するスケッチ

「音センサ・モジュール」の基本的な使い方を学ぶため、まずは、「音センサ・モジュール」で取得した音の大きさを「シリアル・モニタ」に表示するスケッチを作ってみましょう。

そのプログラムは、**リスト8-1**のようになります。

リスト8-1のスケッチを入力したら、Arduinoに書き込んで実行してみてください。

リスト8-1は、「大きな音」が鳴ったときだけ、「シリアル・モニタ」にその値を表示する処理にしてあります。

「音センサ・モジュール」の前で、"パチッ"と手を叩くなどして大きな音を出すと、その大きさが数値で表示されます(**図8-3**)。

リスト8-1 音の大きさをシリアル・モニタに表示する

```
int val = 0;                      ①変数の宣言と初期化

void setup()
{
    Serial.begin(9600);           ②シリアルの設定
}

void loop()
{
    val=analogRead(A0);           ③A0の値を取得する
    if(val > 200){                ④A0の値が200より大きいときに限って
      Serial.println(val);        ⑤シリアル・モニタに表示する
      delay(100);                 ⑥0.1秒待つ
    }
}
```

図8-3 大きな音を出すと、その大きさが数値で表示される

[8-3] 「音の大きさ」を表示するスケッチ

■ 音の大きさを読み取る仕組み

　音センサ・モジュールを使って、音の大きさを読み取る仕組みは、**第7章**で使った「回転角度モジュール」と、ほとんど同じです。

　まずは、①にあるように、音センサ・モジュールから取得した値を保存する変数を宣言します。
```
int val = 0;
```

　そして、「setup」のところでシリアルを「9600bps」に変更します（**リスト8-1**の②）。
```
Serial.begin(9600);
```

■ 周囲音のノイズで数値が細かく上下する

　実際に「音センサ・モジュール」の値を読み取るには、③にあるように、
```
val=analogRead(A0);
```
のように、「analogRead」という命令を使います。
　このように音の大きさを読み取るのは「回転角度モジュール」と同じですが、音を扱うには「音の性質」を理解する必要があります。

＊

　まず、「周辺の音」を考慮する必要があります。
　完全な防音室ならともかく、通常の環境では、さまざまな生活音やノイズが、常に私たちの周囲や「音センサ・モジュール」の周囲を取り巻いています。
　そのため、「音センサ・モジュール」の値は目まぐるしく上下します。
　ですので、音が鳴ったかどうかという判定は、「値が、ある一定の大きさ以上であるかどうか」を判定する必要があります。

　環境や「音センサ・モジュール」からの「距離」にもよりますが、生活環境音でおよそ「0～100」くらい、音センサ・モジュールの前で手を叩くと、「300」以上の値になります。
　リスト8-1では、④の部分にあるように「手が叩かれたかどうか」を判定するため、「300」よりは少し小さめの「200」と比較し、「200より大きかったら、手が叩かれた」と判断しています。

第8章 「音センサ」を使ってみよう

「200」と比較しているのは一例です。感度が悪いときは値を小さく、感度が良すぎるときは値を大きく調整してください。

```
if(val > 200){
   Serial.println(val); ─────⑤シリアル・モニタに表示する
   delay(100); ─────────⑥0.1秒待つ
}
```

　手が叩かれたとき（大きな音が鳴ったとき）は、⑤にあるように「シリアル・モニタ」に、その音の数値を表示しています。

　そして⑦の処理では、その後「delay」を使って0.1秒、処理を待っています。これは、「残響」への対応です。
　音は急にピタっと止まるものではなく、「残響」があります。
　大きな音を拾った後に、その後の残響も拾ってしまうと、「手が叩かれたときの値」と「残響の値」が混じってしまい、データが分かりにくくなります。
　そこで、大きな音を拾った後は、一定時間（ここでは0.1秒）待って、「残響」を「音センサ」が読み取らないようにしました。

＊

　「delay」を記述しない場合は、1回"パチッ"っと手を叩くだけでも、残響によって、数行から10数行程度「シリアル・モニタ」から音の値が表示されてしまうことがあります。

なお、このdelayの「100」は、客観的なものなので、これでもまだ残響を拾ってしまうようであれば、数値を増やして調整してください。

　こうした「残響」の考え方は、すぐに分からないかもしれません。
　そのときは、プログラム中の

・「delay(100)」を付けて動かした場合
・付けずに動かした場合

を比較して、実際に違いを体験すると、理解しやすいと思います。

　なお、**第7章**の「回転角度モジュール」を利用したときは、最後に「delay(1000);」と記述して、次に読み込むまで1秒待ちましたが、**リスト8-1**では、そのような待つ処理がない点にも注目してください。

[8-4]「大きな音」が鳴ったときに「LED」を光らせる

リスト8-1では、待ち時間がない、つまり「音センサ」の状態をずっと読み続けているので、手を叩くなどして「大きな音」を出せば、すぐに反応します。

8-4 「大きな音」が鳴ったときに「LED」を光らせる

最後に、「大きな音」が鳴ったときに「LED」を光らせるプログラムを作ってみましょう。

*

今「ベース・シールド」の「A0」コネクタには、「音センサ・モジュール」が取り付けられているかと思います。

ここにさらに、「D3」コネクタに「LEDモジュール」を接続してください。

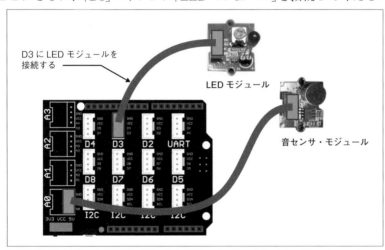

図8-4 「D3」コネクタに「LEDモジュール」を接続する

そして、リスト8-2のスケッチを入力して、Arduinoに書き込んで実行してみましょう。

「音センサ・モジュール」の前で手を叩くなどして「大きな音」を出すと、「LED」が"ピカッ"と、一瞬点くはずです。

第8章　「音センサ」を使ってみよう

リスト 8-2　「大きな音」が鳴ったときに「LED」を光らせる

```
int val=0;

void setup()
{
    pinMode(3, OUTPUT);
}

void loop()
{
    val=analogRead(A0);
    if(val > 200){
        digitalWrite(3, HIGH);
        delay(100);
        digitalWrite(3, LOW);
    }
}
```

リスト8-2は、「デジタル・モジュール」である「LED」と「アナログ・モジュール」である「音センサ・モジュール」の組み合わせですが、これまでやってきたことの組み合わせなので、それほど難しく考えなくても大丈夫です。

*

では、プログラムの説明です。

最初の変更点は、「void setup()」です。
今回は「シリアル・モニタ」を使わないので、「Serial.begin」によるシリアルの設定は取り除きました。
代わりに、「LED」を光らせるため、「pinMode」命令を使って「LED」を接続した「D3」コネクタを出力用に設定しています。

```
pinMode(3, OUTPUT);
```

*

続いて「void loop()」です。
「音センサ・モジュール」の情報を読み取って比較する処理は、**リスト8-1**と同じです。

```
val=analogRead(A0);
if(val > 200){
    // 大きな音が鳴ったとき
}
```

[8-4] 「大きな音」が鳴ったときに「LED」を光らせる

　大きな音が鳴ったときに実行されるifの「{　}」の中身は、次のようにしました。

```
digitalWrite(3, HIGH);
delay(100);
digitalWrite(3, LOW);
```

　これまで見てきたように、「digitalWrite(3,HIGH)」は、「LEDを光らせる処理」ですね。

　そして、「delay」命令で0.1秒間、そのままの状態を維持した後、「digitalWrite(3, LOW)」として消灯させています。

　この結果、「大きな音が鳴ると、LEDが少し(0.1秒)光って、消える」という動作になります。

第9章
「光センサ」を使ってみよう

この章では「光センサ・モジュール」を扱います。
第8章では「音センサ・モジュール」を使って音を検知して数値化することを学びましたが、「光センサ・モジュール」はその光版となります。

9-1　「光センサ・モジュール」とは

「光センサ・モジュール」は、周囲の明るさを数値化するための「アナログ・モジュール」です。

この章では、**第8章**でやってきたことと同様に、まず「シリアル・モニタ」に周囲の明るさを表示するスケッチを作ります。

次に、「LEDモジュール」と組み合わせて、周囲が暗くなったときに「LED」が光るようにしてみます。

9-2　「光センサ・モジュール」を接続する

「光センサ・モジュール」は、基板上に「コネクタ」と「波のようなプリントがされた小さな部品」が載ったものです。

図9-1　光センサ・モジュール

[9-3] 「明るさ」を表示するスケッチ

　接続については、これまでと同じように「モジュールのコネクタ」と「ベース・シールド」の「A0」コネクタとを「4ピン・ケーブル」で接続することにします。

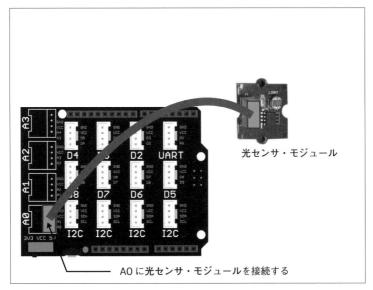

AOに光センサ・モジュールを接続する

図9-2　「光センサ・モジュール」を「A0」コネクタに取り付ける

9-3　「明るさ」を表示するスケッチ

　ここでは、皆さんの部屋の光量を取得し、「シリアル・モニタ」に数値として表示してみましょう。
　そのプログラムは、**リスト9-1**のようになります。

　リスト9-1を入力して、Arduinoに書き込んで実行すると「シリアル・モニタ」に、数値が一定間隔で表示されていきます。
　表示される値は、部屋の明るさによって変わります。

　「光センサ」にゆっくり手をかざして暗くすると、「シリアル・モニタ」の数値が小さくなるはずです。
　リスト9-1では、「200」以下になったときには、数値を表示しないようにしています。ですから、ある程度暗くすると、値が表示されなくなるはずです。

第9章 「光センサ」を使ってみよう

リスト9-1 「明るさ」を「シリアル・モニタ」に表示する

```
int val = 0;
void setup()
{
    Serial.begin(9600);
}
void loop()
{
    val=analogRead(A0);      ——①
    if(val > 200){           ——②
        Serial.println(val);
    }
    delay(500);              ——③
}
```

■「明るさ」を読み取る仕組み

リスト9-1のプログラムは、**第8章**で説明した「音センサ・モジュール」と、基本的には同じです。

明るさを取得しているのは、①の部分です。

```
val=analogRead(A0);
```

そして②の部分で、この値が「200より大きい」かどうかを判定し、そのときだけ、シリアル・モニタに表示しています。

```
if(val > 200){
    Serial.println(val);
}
```

リスト9-1では、「光」と「音」の性質の違いから、処理を一時停止する「delay」の位置と間隔を少し修正しています。

「音センサ」で手が叩かれるなどして大きな音が鳴ったかどうかを判定する場合と違い、部屋の光量は、「秒単位」で急激には変わることはあまりありません。

そこで、**リスト9-1**の③にあるように、「delay」を「loop」の最後にもってきて、「500ミリ秒」間隔で実行し、「光センサ・モジュール」の値を確認するようにしています。

「500ミリ秒」間隔で確認しているので、「シリアル・モニタ」には「500ミリ

秒」(＝0.5秒)ごとに、その値が表示されます。

もし、「シリアル・モニタ」の表示の流れが速いと感じるのなら、「delay」の数字を大きくすると良いでしょう。

逆に、もう少し細かい間隔で確認したいのなら、数字を小さくしてください。

9-4　「暗く」なったら「LED」を光らせる

第8章では、「大きな音がしたときにLEDが光る」というものを作成しました。

この章では、それと同様のものとして、「明るさが一定以下になったらLEDを光らせる」というものを作ってみましょう。

「音センサ・モジュール」のときと同じように、「Arduinoシールド」の「D3」コネクタに「LEDモジュール」を接続してください。

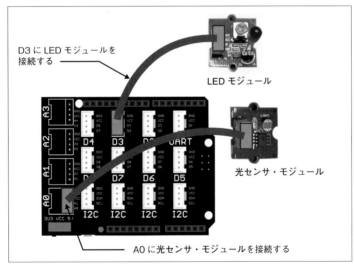

図9-3　D3コネクタにLEDモジュールを接続する

では、暗くなったらLEDを光らせるプログラムを作ってみます。
そのプログラムは、**リスト9-2**のようになります。

第9章　「光センサ」を使ってみよう

リスト9-2　暗くなったときにLEDを光らせる

```
int val = 0;

void setup()
{
    pinMode(A0, INPUT);
}

void loop()
{
    val=analogRead(A0);
    if(val <= 200){
       digitalWrite(3,HIGH);
    }                              ①
    else{
       digitalWrite(3,LOW);
    }
    delay(500);
}
```

　このプログラムは、**リスト9-1**の「光センサ・モジュールのプログラム」を基に、「シリアル・モニタに出力する処理」から「LEDを光らせる処理」に置き換えたものです。

　実際、**リスト9-1**と**リスト9-2**の違いは、①のところです。

　リスト9-1では、明るさを取得したのち、

```
if(val > 200){
   Serial.println(val);
}
```
のように、「シリアル・モニタ」に出力していました。

　この部分を、「LED」を光らせたり消したりするために、

```
if(val <= 200){
   digitalWrite(3,HIGH);
}
else{
   digitalWrite(3,LOW);
}
```
と変更しました。

第10章
「温度センサ」を使ってみよう

この章では、「温度センサ・モジュール」を扱います。
これまで使ってきた「音センサ」や「光センサ」と使い方は同じです。
「温度センサ・モジュール」を使うことで、周囲の「温度」を測ることができます。

10-1　「温度センサ・モジュール」とは

　この章では、「温度センサ・モジュール」を扱います。
　「温度センサ・モジュール」とは、文字通り「温度を測定するためのモジュール」です。

　モジュールはとてもシンプルで、基板上に小さなチップが載っているだけのものです。
　裏面には、「Temperature Sensor」と印刷されています。

　この章では、この「温度センサ・モジュール」を使って、室温を「シリアル・モニタ」に表示するものを作っていきます。

図10-1　温度センサ・モジュール

第10章 「温度センサ」を使ってみよう

10-2 「温度センサ・モジュール」を接続する

ではまず、接続していきましょう。

これまでと同じように、「ベース・シールド」の「A0」コネクタに、「温度センサ・モジュール」を接続してください。

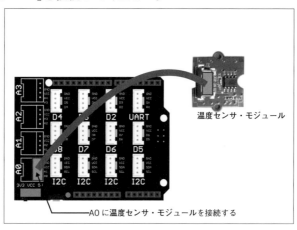

A0に温度センサ・モジュールを接続する

図10-2 「温度センサ・モジュール」を接続する

10-3 「温度」を表示するスケッチ

それでは、「温度」を「シリアル・モニタ」に表示するスケッチを作っていきましょう。

そのプログラムは、**リスト10-1**のようになります。

リスト10-1 温度をシリアル・モニタに表示する

```
int val = 0;                    ①
float resistance = 0;           ②
float temperature = 0;          ③
int B = 3795;                   ④

void setup()                    ⑤
{
    Serial.begin(9600);
}

void loop()
{
    val = analogRead(A0);       ⑥
```

```
        resistance = (float)(1023-val)*10000/val;─────────⑦
        temperature = 1/(log(resistance/10000)/B+1/298.15)-273.15;
                     └──────────────────────────────────────┘
                                                          ⑧

        Serial.println(temperature);─────────⑩

        delay(1000);─────────────────⑪
    }
```

■「温度センサ」の値を摂氏に変換する

　これからプログラムの説明をしていきますが、その前に、「温度センサの値と温度の関係」について説明しておきます。

＊

　今まで使ってきた「音センサ」や「光センサ」は、モジュール独自の「アナログ値」(0～1023の整数値)を利用して、相対的に「音の大小」や「光の明暗」を判定してきました。

　しかし、「温度センサ」が扱う温度は、私たちにあまりに身近なもののため、「モジュール独自の値」(0～1023の整数値)を「暑い」「寒い」という感じで相対的に扱うのではなく、温度、つまり「摂氏(℃)」の小数点以下を含む値として扱いたいと思います。

　そこで、**リスト10-1**では、「アナログ値」を「摂氏(℃)」に変換する処理をしています。
　「温度センサ」の原理は、温度によって抵抗値が変わる素材に電気を通し、その「通りやすさ」の違いを「温度の違い」とするもので、「温度センサ」によって定められた式を使うことで、変換できます。

＊

　ここで使った、「温度センサ」の「アナログ値を摂氏(℃)に変換する式」は、「Arduino Grove」のメーカーサイトに掲載されているサンプルプログラムに書かれた数式を、そのまま利用しています。

https://github.com/Seeed-Studio/Sketchbook_Starter_Kit_V2.0/tree/master/Grove_Temperature_Sensor

第10章　「温度センサ」を使ってみよう

　今回は、メーカー提供の「温度センサ独自の変換式」を利用しているため、今までとは色合いの異なるプログラムになっています。

　ただし、基本的にメーカー独自部分のプログラムについては手を加えることなく利用することが多いので、そのまま記述してください。

■「温度」を取得するプログラムの仕組み

　では、リスト10-1の説明に入ります。

● 変数の宣言

　最初の①にある「int val」については、これまで出てきたとおり「センサのアナログ値」を入れる変数です。

　これについては、もはや説明は不要ですね。

```
int val = 0;
```

　次に②にある「float resistance = 0」ですが、これはメーカー提供の数式で使われる変数のひとつです。

　これまで出てきた「int val = 0」と同じように「resistance」という変数を「0」で初期化しています。

```
float resistance = 0;
```

　ただし、今回は「int」ではなく「float」です。

　floatは「浮動小数点」の値を入れる変数となります。intは整数のみとなるので、違いに注意してください。

　この「resistance変数」には、あとで「センサのアナログ値」から計算して求めた抵抗値を入れます。

　続いて③の「temperature」ですが、これもメーカー提供の数式で使用される変数です。

　変数の考え方は先ほどの「registance」と同じように浮動小数点が入る変数を0で初期化するというものです。

　この変数には、あとで、計算によって求められた温度(摂氏)を入れます。

```
float temperature = 0;
```

[10-3] 「温度」を表示するスケッチ

そして④には、変数の宣言の最後「int B = 3795」があります。

これもメーカー提供の数式で使用される変数で「B」という変数を「3795」で初期化するというものです。

```
int B = 3795;
```

この②~④のあたりは、メーカーの製品の仕様から来るものなので、そのまま変数を利用しましょう。

● setupの処理

変数の宣言が終わったら、次は⑤の「void setup()」です。

ここでは、「シリアル・モニタ」を初期化しているだけなので、特に問題ないかと思います。

```
void setup()
{
    Serial.begin(9600);
}
```

● loopの処理

続いて、「void loop()」の処理です。

まず、⑥にあるように、「val = analogRead(A0)」として、温度センサの値を取得して、変数「val」に入れます。

```
val = analogRead(A0);
```

このデータは、「温度センサの生データ」(0~1023の整数値)です。

以下の処理で、これを「摂氏(℃)」に変換していきます。

＊

本書では、これまでArduino上で計算させることをしてきませんでしたが、数式の内容はさておき、計算というものを説明していきます。

最初の数式は、⑦にある「resistance = (float)(1023-val)*10000/val」です。

```
resistance = (float)(1023-val)*10000/val;
```

式全体の意味としては、読み取った「アナログ値」から算出した抵抗値を「resistance」に入れるものです。

計算の説明ですが、

```
(1023-val)*10000/val
```

第10章 「温度センサ」を使ってみよう

の部分は、通常の数学記号で表わすと

```
(1023-val)×1000÷val
```

になります。

「val」は、センサが読み取ったアナログ値です。

「×」と「÷」が、それぞれ、「*」と「/」に置き換わっていますが、どのコンピュータ言語であっても「×」と「÷」は「*」と「/」で表わします。

さて、続いてその式についている「(float)」の意味ですが、その右側で計算した値を「浮動小数点」として扱いなさいと言う意味です。

実は、コンピュータの演算において、計算で用いられている数値がすべて「整数」だと、その計算結果も「整数」に揃えられてしまいます。

たとえば、数式「10/3」は、本当は「3.333…」ですが、「3」のようにです。

そのため、「整数」の計算式で、計算結果が「小数」になる場合には「(float)」をつけてください。

*

続いて⑧の部分では、次のように計算しています。

```
temperature = 1/(log(resistance/10000)/B+1/298.15)-273.15;
```

この行では、「log(対数)」も使われており複雑ですが、プログラムする上では「さっきの抵抗値を利用して温度を計算している」程度の認識でかまいません。

複雑ですが、このようにして計算した結果の「temperature」変数が、「摂氏(℃)」に変換した値です。

このように摂氏の温度が得られたら、⑨にあるように、いつものように「Serial.println(temperature)」で出力します。

```
Serial.println(temperature);
```

最後に1秒間隔で測定するように「delay(1000)」を記述して、完了です(⑪)。

```
delay(1000);
```

温度は「1秒」では大きく変わることはないので、「1分」とか「5分」とかの長い間隔で取得するようにしてもよいでしょう。

応用編

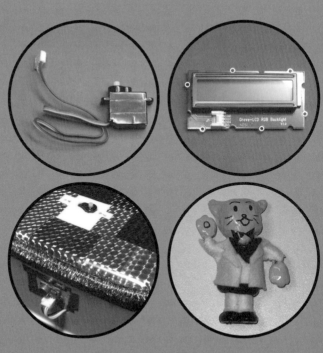

第11章
「サーボモータ」を使ってみよう

> この章では、「サーボモータ」を扱います。
> 「サーボモータ」は、普通のモータと違って回りっぱなしではなく、Arduinoから指示された「決まった角度」まで、ぴたりと動かせます。

11-1　「サーボモータ」とは

　この章では、「サーボモータ」を扱います。
　具体的な説明に入る前に、まずは「サーボモータ」について、少し解説しておきます。
　一般的な「モータ」については、Arduinoの工作に挑戦している皆さんでしたら特に説明は要らないと思いますが、「サーボモータ」というのはモータの中でも少し特殊な動作をするものです。

　一般的な「モータ」は、電源のオン/オフのみで回転したり停止したりします。
　それに対して、「サーボモータ」は制御信号を受けてどれだけの角度を回転するかを細かく制御します。また、制御信号を受けていないときはブレーキがかかり、その位置に固定するように動作します。

　電子工作の経験が少ないうちは、あまり馴染みがないかもしれませんが、プリンタで正確な位置に印字したり、工業機械ではロボットアームの正確な動作などで用いられたりと、とても幅広い分野で用いられています。

　この章では、まず「サーボモータ」を接続して、一定時間ごとに、30度ずつ回転するプログラムを作って、「サーボモータ制御」の基本を習得します。
　そして最後に、**第7章**で使った回転角度モジュールと組み合わせて、「人間が回転角度モジュールを回したのと、同じ角度だけサーボモータを回す」という応用をしていきます(**図11-1**)。

[11-2] 「サーボモータ」を接続する

図11-1　回転角度モジュールを回すと、サーボモータが同じだけ動く

11-2　「サーボモータ」を接続する

では、さっそく作っていきましょう。

「サーボモータ」は、「スターター・キット」の下段に入っており、黒い箱状のケースから直接4ピンの「フラットケーブル」が伸びている部品です。

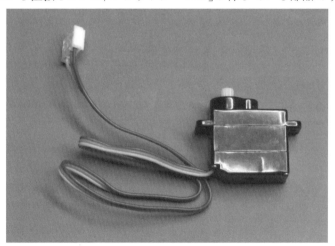

図11-2　サーボモータ

「スターター・キット」には、サーボモータに接続できる樹脂製の十字パーツがあります。

第11章 「サーボモータ」を使ってみよう

　これをサーボモータに取り付けておくと、どれだけ回転したのかが見やすくなります。

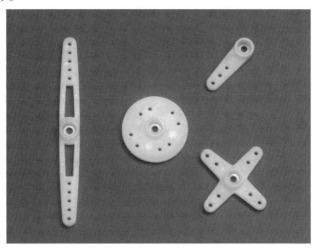

図11-3　サーボモータに取り付ける樹脂製パーツ

　サーボモータは、「デジタル・モジュール」です。ここでは「D3」コネクタに接続することにします。

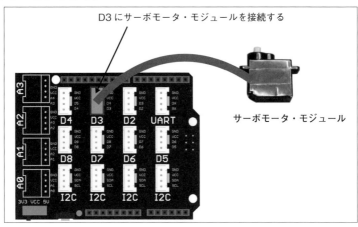

図11-4　「サーボモータ」を「D3」コネクタに取り付ける

11-3　30度ずつ動かしてみる

では、プログラムを作っていきましょう。

「サーボモータ」には、いくつか種類がありますが、スターター・キットに同梱されている「サーボモータ」は、「0度〜179度」の可動域があります。Arduinoから、この範囲内の角度を指定すると、その角度まで動きます。

まずは、「サーボモータ」を0度から30度ずつ動かすスケッチを作ってみましょう。そのプログラムは、**リスト11-1**のようになります。

リスト11-1のプログラムを入力してビルドし、Arduinoに書き込んで実行してみてください。

1秒ごとに「サーボモータ」が30°ずつ回転していき、半周すると、また最初に戻るという動作が繰り返されるはずです。

リスト11-1　サーボモータを30度ずつ動かす

```
#include <Servo.h>

Servo groveServo;

int pos=0;                          ──①

void setup()
{
    groveServo.attach(3);           ──②
}

void loop()
{
    groveServo.write(0);            ──③
    delay(1000);                    ──④
    groveServo.write(30);           ──⑤
    delay(1000);
    groveServo.write(60);           ──⑥
    delay(1000);
    groveServo.write(90);           ──⑦
    delay(1000);
    groveServo.write(120);          ──⑧
    delay(1000);
    groveServo.write(150);          ──⑨
    delay(1000);
}
```

第11章 「サーボモータ」を使ってみよう

■ ライブラリのインクルード

　自分でサーボモータを動かそうとするプログラムをイチから書くと、とても複雑になります。

　ライブラリとは、メインのプログラムとは別に用意された、特定の処理をするための汎用なプログラムのことです。

　そこでここでは、サーボモータを動かすためのライブラリを使って、プログラムを簡単に書こうとしています。

　そのライブラリを読み込むのが、1行目にある文です。

　このように書くことで、「Servo.h」という別ファイルに書かれた機能が使えるようになります。

　「#include」と記述して、別ファイルを読み込んで利用することを「インクルード」と言います。

```
#include <Servo.h>
```

　インクルードしたら、サーボを動かすために、次のように記述します。

```
Servo groveServo;
```

　詳しい説明は省きますが、これは「Servo」という、サーボモータを動かすために必要な「オブジェクト」と呼ばれるものを作るために必要な手順です。（オブジェクトに関する詳細についてはプログラムの専門領域になるので、本書ではこの程度に留めます）。

　このように記述することで、「groveServo.○○(XXX)」などの命令を実行して、「サーボモータ」を動かせるようになります。

■ 「サーボモータ」を動かす

　では、「サーボモータ」を動かす処理を説明します。

●「サーボモータの回転角度」を保存する変数

　まずは、①にあるように、「pos」という変数を用意しました。

　この変数は、「サーボモータの回転角度」（0～179）を保存するのに使っています。

```
int pos=0;
```

[11-3] 30度ずつ動かしてみる

● サーボモータの初期化

続いて、「void setup()」です。

「void setup」の部分では、②にあるように、次のように記述しています。
```
groveServo.attach(3);
```

これは、「サーボモータ」を使うための初期化処理です。

今回は「D3」コネクタに接続したため、「3」を()内に入れ「groveServo.attach(3)」としています。

● 「サーボモータ」を「指定した角度」だけ動かす

次に、「void loop()」の中を見ていきましょう。

最初に実行されるのは、③にある次の文です。
```
groveServo.write(0);
```

これは、「サーボモータ」の回転角度を「0°」にセットしなさいという処理です。つまり、この命令を実行することによって、「サーボモータ」が0°の位置に回転します。

そして、次に、④にあるように、「delay(1000)」を実行し、1秒待機します。
```
delay(1000);
```

そして次に、⑤～⑨にあるように、「30、60、90、120、150」という値に変えて、同じように、「groveServo.write」を実行して、1秒待つという処理を実行します。
```
groveServo.write(30);
delay(1000);
```

こうすることで、「サーボモータ」は、1秒ずつ「30°、60°、90°、120°、150°」と動いていきます。

「void loop」は繰り返し実行されるので、最後まで終わったら、③④の
```
groveServo.write(0);
delay(1000);
```
に処理が戻ります。ここでは「0°」に設定していますから、最初の角度に戻るというわけです。

第11章 「サーボモータ」を使ってみよう

11-4 「回転角度モジュール」の動きに合わせて「サーボモータ」を動かす

「サーボモータ」の動かし方が分かったところで、「回転角度モジュール」の動きに合わせて「サーボモータ」を動かすプログラムを作っていきます。

すなわち、「回転角度モジュール」を「左一杯」に回すと「サーボモータ」は「0°」の位置に、「右一杯」に回すと「179°」の位置に移動するというようにします。

まずは、**図11-5**のようにA0コネクタに回転角度モジュールを接続しましょう。

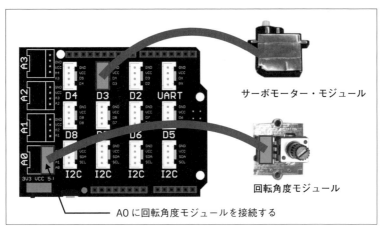

A0 に回転角度モジュールを接続する

図11-5 「A0」コネクタに「回転角度モジュール」を接続する

そして、スケッチを作ります。

ここで作るスケッチは、**リスト11-2**のようにします。

このスケッチをビルドして、Arduinoで実行してください。

「回転角度モジュール」を動かすと、その動きに応じて「サーボモータ」が動くはずです。

リスト11-2 回転角度モジュールの動きに合わせてサーボモータを動かす

```
#include <Servo.h>

Servo groveServo;

int val = 0;─────────────────────────────┐
int pos = 0;                              ├①
```

[11-4] 「回転角度モジュール」の動きに合わせて「サーボモータ」を動かす

```
void setup()
{
    groveServo.attach(3);                    ――②
}
void loop()
{
    int val = analogRead(A0);                ――③
    int pos = map(val, 0, 1023, 0, 179);     ――④

    groveServo.write(pos);                   ――⑤

    delay(10);                               ――⑥
}
```

■ 変数の準備と初期化

リスト11-2では、①の部分で「val」と「pos」の2つの変数を用意しています。
「val」は「A0」コネクタに接続された「回転角度モジュール」から読み取った値、そして「pos」は「サーボモータ」の回転角度を格納する目的で使います。

```
int val = 0;
int pos = 0;
```

「void setup()」では、初期化をします。
ここでは②の部分にあるように、「D3」に接続した「サーボモータ」を初期化しているだけです。

■ 「回転角度モジュール」の回転角を「0°～179°」に変換する

そして、「void loop」の部分で「回転角度モジュール」の回転具合に応じて、「サーボモータ」を回転する処理をします。
まずは、「回転角度モジュール」の「回転角度」を取得します。これには③にあるように、「analogRead」を使います。

```
int val = analogRead(A0);
```

次にあるのが、④の「map」です。

```
int pos = map(val, 0, 1023, 0, 179);
```

第11章 「サーボモータ」を使ってみよう

　これははじめて見る処理だと思いますが、「回転角度モジュールの値の範囲」を、「サーボモータの値の範囲」に変換する操作をしています。

　「回転角度モジュール」は、「0～1023」の値をとります。それに対して、「サーボモータ」は「0～179」までの値をとります。その差を埋めるためにあるのが、ここにある「map(○○)」の処理です。

　map(○○)で○○の部分には、カンマ区切りで5つのデータを指定します。

● 1つめのデータ(val)

　「変換元となるデータ」を指定します。ここでは「val」を指定して、回転角度モジュールとして取得した値を指定しました。

● 2つ目と3つ目のデータ(0, 1023)

　valが取り得る、「最小値」と「最大値」を指定します。

　ここでは「回転角度モジュール」が取り得る「最小値」と「最大値」である「0」と「1023」を指定しています。

● 4つめと5つめのデータ(0, 179)

　「変換後」の、「最小値」と「最大値」を指定します。

　ここでは「サーボモータ」が取り得る「最小値」と「最大値」である「0」と「179」を指定しています。

　このように「map」を使うことで、「0～1023」の範囲で取得した値は、その比率を維持して「0～179」の範囲に変換されます。

　たとえば、「回転角度モジュール」が中央の「512」であった場合、変換後の値は同じ中央の「90」として変換されます。

　⑤の部分では、こうして得た角度「pos」を「groveServo.write(pos)」とすることで、「サーボモータ」をその角度まで動かします。

```
groveServo.write(pos);
```

＊

　そして最後に⑥の部分で、「delay(10)」を実行します。

　これは、「4-4　チャタリングを回避する」で説明したチャタリング防止のためのものです。

[11-4]「回転角度モジュール」の動きに合わせて「サーボモータ」を動かす

「回転角度モジュール」もボタンと同様に物理的に動くものなので「チャタリング」が発生します。

10ミリ秒はひとつの目安ですので、必要があれば状況に応じて増減してください。

```
delay(10);
```

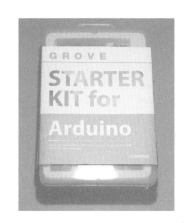

第12章
「LCD」に「文字を表示」してみよう

> この章では、「LCDモジュール」を扱います。
> 「LCDモジュール」を使うと文字を表示できます。バックライトの色を変えることもできます。

12-1　この章の内容

　この章では、「LCDモジュール」を扱います。
　「LCDモジュール」は、「スターター・キット」の中でもいちばん目立つものではないでしょうか。
　そう、長い板状の液晶ディスプレイが「LCDモジュール」です。
　この液晶ディスプレイは「16文字×2行」の表示ができます。

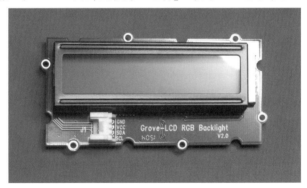

図12-1　LCDモジュール

　この章では、まず、「LCDモジュール」を使って「Hello, World!」と表示するものを作ります。
　そのあと「音センサ」と「光センサ」を組み合わせて、「音の大きさ」や「光の大きさ」を、この「LCDモジュール」に数字で表示するものを作っていきます。

図12-2 「Hello, World!」と表示したところ

12-2 「LCDモジュール」を接続する

では、作っていきましょう。

まずは、「LCDモジュール」を接続します。
「LCDモジュール」は、ベース・シールドの「I2C」と書かれているコネクタに接続します。
「I2C」コネクタは、モジュールに対して、少し複雑な通信を行なう際に使うコネクタです。

「ベース・シールド」には、4つの「I2C」コネクタがありますが、このうちのどれに接続しても同じです。
これまで説明してきたデジタル（D○）やアナログ（A○）のコネクタと違って、I2Cコネクタには、番号の区別がありません。

図12-3では便宜的にいちばん左に接続していますが、他の「I2C」に接続しても同じです。

第12章 「LCD」に「文字を表示」してみよう

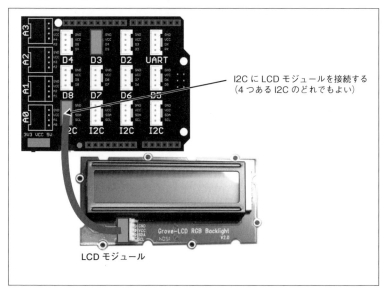

図12-3 LCDモジュールをI2Cコネクタに取り付ける

12-3 「Hello, World!」と表示する

接続が終わったら、スケッチを書いていきます。

LCDに「Hello, World!」と表示するプログラムは、**リスト12-1**のようになります。

リスト12-1 「Hello, World!」と表示する

```
#include "rgb_lcd.h"

rgb_lcd lcd;————————————————①

void setup() {
  lcd.begin(16, 2);——————————②
  lcd.setRGB(0, 255, 255);————③
  lcd.print("Hello, World!");——④
}

void loop() {
}
```

さっそくこれをビルドしてArduinoに書き込んで実行…と言いたいところですが、これを入力しただけでは動作しません。

[12-3] 「Hello, World!」

それは、「LCDを制御するライブラリ」がデフォルトではインストールされていないからです。

■「LCDを制御するライブラリ」を読み込む

1行目にある、

```
#include "rgb_lcd.h"
```

は、**第11章**でも説明したように、ライブラリを読み込むための命令です。

実は、この「rgb_lcd.h」というライブラリは、「Arduino IDE」にはデフォルトではインストールされていないので、別途インターネットから入手する必要があります。

このライブラリは、「Arduino Grobe」の開発元であるSeeed Studio社の「GitHub」から入手できます。

```
https://github.com/Seeed-Studio/
```

次のようにインストールしてください。

【手順】 LCDライブラリをダウンロードしてインストールする
[1] Seeed Studio社のGitHubサイトを参照する

ブラウザで、Seeed Studio社のGitHubサイトを参照してください。

```
https://github.com/Seeed-Studio/
```

[2] LCDライブラリを検索する

右上の検索窓に、今回必要とするヘッダファイル名の「rgb_lcd」と入力して検索してください。

すると、「Grove_LCD_RGB_Backlight」というリンクがヒットするはずです。

そのリンクをクリックして、「Grove_LCD_RGB_Backlight」のライブラリページを開いてください。

```
https://github.com/Seeed-Studio/Grove_LCD_RGB_Backlight
```

液晶

第12章 「LCD」に「文字を表示」してみよう

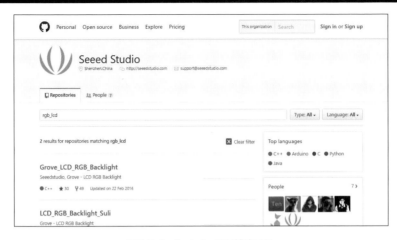

図12-4 「rgb_lcd」を検索する

[3] ライブラリをZIPファイルとしてダウンロードする

　このページには、ライブラリファイルが置いてあります。リストの上にある［Clone or download］―「Download ZIP」をクリックして、ZIPファイル（Grove_LCD_RGB_Backlight-master.zip）としてダウンロードしてください。

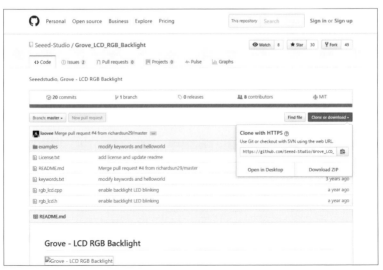

図12-5　ZIPファイルとしてダウンロードする

[4] Arduino IDEにインストールする

Arduino IDEで［スケッチ］―［ライブラリをインクルード］―［.ZIP形式のライブラリをインストール］を選択します。

そして、手順[3]でダウンロードしたZIPファイルを選択して、インストールしてください。

図12-6　ZIP形式のライブラリをインストールする

以上でインストールは完了です。

インストールが完了すると、「#include "rgb_lcd.h"」が正常に処理できるようになり、ビルドできるようになります。

ビルドしてArduinoに書き込み、LCDに「Hello, World!」と表示されることを確認してください。

> **メモ**　ZIPファイルの中身は、サイトにある「keywords.txt」「License.txt」「README.md」「rgb_lcd.cpp」「rgb_lcd.h」とサンプル集です。もし、ZIPファイルでのインストールを好まない場合には、rgb_lcd.cppファイルとrgb_lcd.hファイルを、今回作成したプログラムのスケッチファイル（inoファイル）と同じフォルダにコピーすることでも、このライブラリを利用できます。

第12章　「LCD」に「文字を表示」してみよう

■ LCDに文字を表示する仕組み

実際に動かして、その挙動を確認したところで、プログラムの解説をしていきます。

●「lcdオブジェクト」を作る

LCDを操作するには、「lcdオブジェクト」と呼ばれるものを作ります。
①にある、次の文が、その操作に相当します。

```
rgb_lcd lcd;
```

このように記述することで、以降、「lcd.○○○」と記述することで、LCDに関する、さまざまな操作ができるようになります。

● LCDを初期化する

次に、LCDを初期化します。
そのためには、②にあるように「lcd.begin」を実行します。

```
lcd.begin(16, 2);
```

ここで指定している「16」と「2」は、LCDモジュールのサイズで、「16文字×2行」であることを示しています。

● バックライトの色を設定する

次に、③の部分でsetRGBを実行しています。
これは、バックライトの色を指定する処理です。

```
lcd.setRGB(0, 255, 255);
```

バックライトの色は、先頭から順に、「Red」「Green」「Blue」の3つのパラメータで、各色0〜255の範囲で設定します。
ここでは、Redを0、GreenとBlueを最大にしているので、水色のような色合いのバックライトになります。

● 文字を表示する

文字を表示するのは、④の部分です。

```
lcd.print("Hello, World!")
```

このように「lcd.print」を実行すると、LCDに文字を表示できます。

ここで、これまで使ってきた、シリアル・モニタ出力で用いた「println」ではないことに注意してください。

改行付き出力のprintlnで記述した場合も一応文字は表示されますが、LCDモジュールは「改行」というものがないため、末尾に改行用の制御文字がそのままゴミとして出力されてしまいます。

12-4 「音の大きさ」「明るさ」をLCDに表示する

最後に、集大成として、これまで使ってきた「音センサ」と「光センサ」と組み合わせて、「音の大きさ」と「周囲の明るさ」を、LCDに表示するものを作ってみましょう。

データの表示間隔は1秒間隔とし、LCDのバックライトは、先ほどの例と対照的に、薄い赤色にしてみます。

図12-7　音の大きさと明るさをLCDに表示する

■ モジュールの接続

まずは、「音センサ・モジュール」と「光センサ・モジュール」を接続しましょう。
ここでは、

- 「A0」コネクタに「音センサ・モジュール」
- 「A1」コネクタに「光センサ・モジュール」
- 「I2C」コネクタに「LCDモジュール」

第12章 「LCD」に「文字を表示」してみよう

というように接続するものとします。

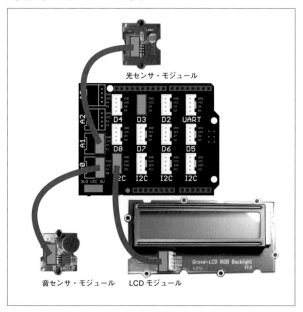

図12-8 「音センサ・モジュール」と「光センサ・モジュール」を接続する

■「音の大きさ」と「明るさ」を表示するプログラム

では、実際にプログラムを作っていきましょう。
そのスケッチは、**リスト12-2**のようになります。

> **メモ** ここでは、前節で設定した「rgb_lcdのライブラリのインストール」はできていることを前提としています。
> 「rgb_lcdライブラリ」のインストールが終わっていないと、「#include "rgb_lcd.h"」のところでエラーが出てしまい、実行できません。

リスト12-2　音の大きさと明るさを表示する

```
#include "rgb_lcd.h"　――――――――――①

rgb_lcd lcd;　―――――――――――――――②

int val_s = 0;　―――――――――┐
int val_l = 0;　―――――――――┴――③

void setup() {
```

[12-4] 「音の大きさ」「明るさ」をLCDに表示する

```
  lcd.begin(16, 2);
  lcd.setRGB(255, 127, 127);                ④
}
void loop() {
  val_s = analogRead(A0);
  val_l = analogRead(A1);                   ⑤

  lcd.clear();                              ⑥

  lcd.setCursor(0,0);
  lcd.print("sound");

  lcd.setCursor(8,0);
  lcd.print("light");
                                            ⑦
  lcd.setCursor(0,1);
  lcd.print(val_s);

  lcd.setCursor(8,1);
  lcd.print(val_l);

  delay(1000);                              ⑧
}
```

■ 音の大きさや明るさを表示する仕組み

　今回のプログラムは少し長いですが、今まで出てきたものだったり、同じ内容の繰り返しだったりするので、それほど内容は、難しくありません。
　1行ずつ、その意味を見ていきましょう。

---

①ライブラリのインクルード
　まずは、ライブラリをインストールします。これは、先の**リスト12-1**の場合と同じです。
```
#include "rgb_lcd.h"
```

②lcdオブジェクトの作成
　そして次に、LCDを操作するための「lcdオブジェクト」を作成します。

③音センサと光センサの値を取得する変数を宣言する
　続いて、「音センサ」と「光センサ」の値を取得する変数を宣言します。

第12章　「LCD」に「文字を表示」してみよう

```
int val_s = 0;
int val_l = 0;
```

　今までは、センサをひとつしか扱わなかったので、その値を保存する変数は、
```
int val = 0;
```
のように、1つしか用意しませんでした。

　しかし今回は、「音センサ」と「光センサ」を同時に使うので、「音センサ」の値を「int val_s」、「光センサ」の値を「int val_l」に入れるように二種類用意し、それぞれ「0」を設定しています。

④「LCDの初期化」と「バックライトの色の設定」
　続いて、「void setup()」の部分では、「LCDモジュール」の初期化と「バックライト」の設定をしています。
```
lcd.begin(16, 2);
lcd.setRGB(255, 127, 127);
```

　バックライトの色は、「Red=255、Green=127、Blue=127」としました。
　赤色のパラメータを最大の「255」にしたところ、これでは少々赤がきつかったので、GreenとBlueもパラメータの半分の値である「127」ほど混ぜてピンク色にしました。
　バックライトの色は、好みに合わせていろいろ調整してみましょう。

⑤センサの値の読み取り
　続いて、「void loop()」の処理です。
　次の2行は、「A0」コネクタと「A1」コネクタのそれぞれのアナログ値を読み込んでいます。
　「A0」コネクタには「音センサ」が、「A1」コネクタには「光センサ」をつないでいるので、この結果、「vol_s」には「音の大きさ」が、「vol_l」には「明るさ」が設定されます。
```
val_s = analogRead(A0);
val_l = analogRead(A1);
```

[12-4] 「音の大きさ」「明るさ」をLCDに表示する

⑥**LCDのクリア**

続いて「lcd.clear()」は、LCDの表示内容を一度「すべて消す」処理です。
```
lcd.clear();
```

「void loop()」は何度も実行されるので、「lcd.clear()」を実行してすべて消さないと、直前に表示していた文字が残ることがあります。忘れずに実行しましょう。

⑦**指定した場所に表示する**

⑦の部分は、「音センサ」や「光センサ」から取得した値を「LCDに表示」する一連の操作です。

ここでは実例として示した前掲の**図12-7**に示したように、「1行目にsound、light」という見出し、「2行目に、音の大きさと明るさの値」を表示しています。

LCDは、
```
lcd.setCursor(列, 行)
```
と記述すると、その位置に移動して、「lcd.print()」したときには、その位置から文字が表示される仕組みになっています。

座標は左上が(0,0)です。
ここで使っているLCDは「16文字×2行」なので、右下は(15,1)となります。
まずは、
```
lcd.setCursor(0,0);
```
として、左上に移動しています。
そして、
```
lcd.print("sound");
```
と実行しているので、(0,0)の位置に「sound」と表示されます。

そしてそのあとは、(8,0)の位置に「light」と表示しています。
```
lcd.setCursor(8,0);
lcd.print("light");
```

ここまでで見出しの表示は終わりです。

そして次に、
```
lcd.setCursor(0,1);
lcd.print(val_s);
```

第12章　「LCD」に「文字を表示」してみよう

としているので、(0,1)の位置に「val_s」の値が表示されます。

「val_s」には、すでに「音の大きさ」を設定しているので、この位置には「音の大きさ」が表示されることになります。

　　最後に、
```
lcd.setCursor(8,1);
lcd.print(val_l);
```
として、(8,1)の位置に、「val_l」の値を表示しています。

「val_l」には、すでに「明るさ」を設定しているので、この位置には「明るさ」が表示されることになります。

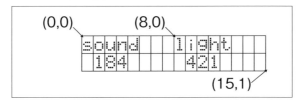

図12-9　LCDの指定した位置に文字を表示する

⑧1秒待つ
　⑧の部分にある「delay」は、1秒待つためのものです。
```
delay(1000);
```

　これによって、1秒ごとに、「音の大きさ」と「明るさ」がLCDに刻々と表示されていきます。

　　　　　　　　　　　　　　　　＊

　この章では、「LCD」「音センサ」「光センサ」という3つのモジュールを同時に扱う形でLCDの使い方について学びました。

　ここまで学習してきた皆さんならば、おおよそモジュールの使い方の基本というものが分かってきたのではないかと思います。

　　　　　　　　　　　　　　　　＊

　本書も、残るところ、あと1章です。頑張って学習していきましょう。

第13章
オモチャを作ろう

> 本書も、これで最後の章となりました。
> この章では、Groveモジュールを組み合わせた、簡単な「オモチャ」を作ります。
> 簡単とは言え、実際に作るとなると、Arduinoで「何をどうやって組み合わせるか」「プログラムはどのようにするか」を、いろいろと考える必要があり、完成するころには、大なり小なり、間違いなくレベルアップしていることでしょう。

13-1 「音センサ」と「サーボモータ」を組み合わせる

この章で作るのは、「音センサ・モジュール」と「サーボモータ」を組み合わせたオモチャです。

音をキャッチすると、数秒間、ステージの上の人形(本書では「ニャントラボルタ」と命名したネコ)が踊ります。

図13-1　音が鳴ると、ステージの上のネコ(ニャントラボルタ)が踊る！

第13章 オモチャを作ろう

　本書を読んできた皆さんならば、**第8章**で、「音センサ・モジュールで大きな音をキャッチするとLEDが光る」というものを作ってきたはずです。
　ですから、「LED」を「サーボモータ」に置き換えたものというのは想像に難くはないと思います。
　ですが実際に作ると、当初想定になかったことを考慮しなければならず、完成までの道のりはスムーズではないことが多いです。

　詳しくは「13-3　オモチャ・メイキング」で説明しますが、人形やステージは100円ショップで売っているものを流用して作っています。安価なので、失敗を気にせずに挑戦できると思います。

13-2　「音センサ」に反応して踊る人形の仕組み

　「ニャントラボルタ」などの造形は、すぐあとに説明しますが、ごく簡単に説明すると、このオモチャは、「音センサ・モジュール」と「サーボモータ」を、**図13-2**のように接続しています。

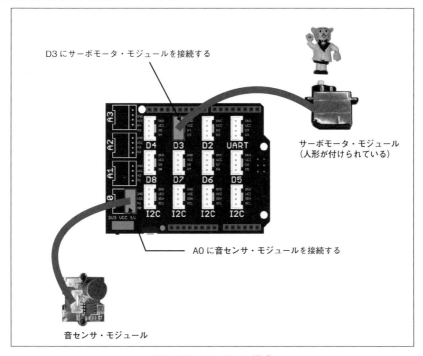

図13-2　オモチャの構成

[13-2] 「音センサ」に反応して踊る人形の仕組み

「ニャントラボルタ」は、「サーボモータ」の軸に設置されており、「サーボモータ」が左右に動くと、それに応じて動くという仕組みです。

「音センサ」では、「大きな音」を拾ったときだけ「サーボモータ」を動かします。

「サーボモータ」を動かすのは簡単ですが、「踊っているように見せる」ための動きを工夫するのが、このオモチャを作るときのポイントとなります。

■ 踊るプログラム

実際に、プログラムを作ったのが、**リスト13-1**です。

このプログラムには、多くの初出となる処理があります。

ただ、いずれもインターネット上のリファレンスを調べると、情報が分かる典型的なもので、比較的多用されるものが多いです。

> **Column　リファレンスを活用しよう**
>
> リスト13-1には、見たことのない処理が多くあると思います。
>
> しかし、見たことがないからといってあきらめないでください。
>
> 本書でこれまで取り扱ってきた処理は、Arduinoのプログラムのごく一部です。
>
> 今後、皆さんがArduinoを学ぶ上では、本書では出てこなかった処理を調べて使うことで、本当の力とすることができます。
>
> ですが、調べるといっても、どのようにすればいいのか、戸惑うことでしょう。
>
> ひとつの解決策として、インターネットで「Arduino リファレンス」で検索する方法があります。
>
> 「リファレンス」とは、今回扱ってきたような各種の処理、たとえば「if」だったり「digitalWrite()」だったり、そうしたArduinoを動作させるための処理を集めた辞典みたいなものです。
>
> リファレンスで、自分の行ないたい処理を調べて使っていくことで、新しい力になります。

第13章　オモチャを作ろう

また今回は、コメントを多用してみました。

コメントは「//」で記述され、その記号から後ろを無視するというものでした。

プログラムにはこうしたコメントを多く残すことにより、後から見返したときや他の人が見たときに分かりやすくなるので、積極的に使っていきましょう。

リスト13-1　大きな音が鳴ったときに、サーボモータを動かして踊らせる

```
#include <Servo.h>
Servo groveServo;

int val = 0; //音センサ・モジュールの値を入れる変数
int randumNum = 0;   //ランダム値を入れる変数
long startTime = 0; //踊り始めた時間を入れる変数
int dance = 0;             //踊っている状態かどうか入れる変数

void setup() {
  groveServo.attach(3);     //サーボモータの初期設定
}

void loop() {
  val = analogRead(A0);    //音センサ・モジュールから音の値を取得

  if(val >= 300){   //音の値が300以上の場合、if内を処理する
   //音を検知して、かつ踊っていなかった場合にif内を処理する
   if(dance ==0){
       //踊り始めの時間をセットする。
       //millis()はArduinが起動してからの時間（ミリ秒）
       startTime=millis();
   }
  }
  // 現在のミリ秒数から踊り始めの時間を引いて、10秒(10,000ミリ秒)未満なら踊る
  if(millis()-startTime < 10000){
    randumNum = random(20,160);//ランダム値を20～160の範囲で取得する
    groveServo.write(randumNum);  //サーボモータにランダムで得た角度を入れる
    delay(400);      //踊りの切り返し（0.4秒）
    dance = 1;      //踊っているフラグ「1」を設定

  }
  else{
    if(dance==1){    //踊り終えた直後の処理
      groveServo.write(90);//踊り終えた段階で定位置（90°）に戻す
      delay(3000);          //踊り終えた後は3000ミリ秒待機
                           // （その間踊らないようにする）
    }
    dance = 0;                //踊り終えたフラグ「0」を設定
  }
}
```

■ プログラムの動作

リスト13-2の処理は、
- 音を検知したらサーボモータを10秒間、ランダムに動作させる
- 最後には定位置に戻す
- 踊ったあとは、連続して動作しないよう5秒間のインターバルを入れる

という動作をするように作ってあります。

この動作を、プログラムでは、どのようにして実現しているのか見ていきましょう。

■ 「サーボモータ」の初期化

このプログラムでは、「サーボモータ」を使っているので、そのライブラリを読み込むところから始まります。

```
#include <Servo.h>
```

そして読み込んだら、Servoオブジェクトを作って、「groveServo.○○()」の命令で、サーボモータを動かせるようにします。

```
Servo groveServo;
```

■ 変数の宣言

次に変数の宣言があります。ここでは、4つの変数を宣言しています。

```
int val = 0;             //音センサ・モジュールの値を入れる変数
int randumNum = 0;       //ランダム値を入れる変数
long startTime = 0;      //踊り始めた時間を入れる変数
int dance = 0;           //踊っている状態かどうか入れる変数
```

用途はコメントに記載している通りです。

● val

音センサの値を格納するのに使います。

第13章　オモチャを作ろう

● randumNum

　このプログラムでは、踊るときの角度をランダムにするという処理をしています。そこで、そのランダムな角度を格納するために、この変数を用意しました。

● startTime

　このプログラムでは、大きな音がしてから10秒間、「ニャントラボルタ」を踊らせます。その「10秒間」を計測するため、「踊り始めた時刻」を保存するのに使います。

　すぐあとに説明しますが、踊り始めた時刻は、「Arduinoが起動してからの時刻」を使います。この値は「ミリ秒（1000分の1秒）」です。

　実は、今まで扱ってきたintは「-32768～32767」までしか入れることができず、ミリ秒単位なら「32秒」が限界です。そのため、「int」で保存することができません。

　代わりに「long」にすると、20億くらいまで格納できるので、ここでは「long」として宣言します。

● dance

　「dance」は、現在「踊っている最中かどうか」の状態を入れる変数として使います。

　単純に大きな音がしたときに踊るだけでは、踊っている最中に「大きな音」がしたときに、踊り始め時間が振り出しに戻って、延々と踊ることになってしまいます。

　そこで踊っている最中は「踊り始め時刻を変更しない」ことで、踊りっぱなしにならないようにする目的で、この変数を使っています。

■ 「サーボモータ」の初期化

　次に「void setup()」ですが、ここでは「groveServo.attach(3)」しか実行していません。

```
void setup() {
  groveServo.attach(3);    //サーボモータの初期設定
}
```

　これは、ここまでやってきたお馴染みの処理です。

[13-2] 「音センサ」に反応して踊る人形の仕組み

　今回も、「サーボモータ」は「D3」コネクタに接続しているので、（　）内の番号には「3」を指定します。

■ 「大きな音」が出たときに踊らせる

　次に、「void loop()」の処理を見ていきましょう。
　「void loop()」の最初の処理は「val = analogRead(A0)」です。

```
val = analogRead(A0);        //音センサ・モジュールから音の値を取得
```

　これも、もうお馴染みですね。「A0」コネクタに、接続された「音センサ」からのアナログ値を取得して、変数「val」にセットしています。

　次は、「if(val >= 300)」です。
　「音を検知したときに踊る」という条件のための、基準となる音の大きさを指定しています。

```
if(val >= 300){        //音の値が300以上の場合、if内を処理する
    …大きな音が出たときの操作…
}
```

　ここでは「音センサ」のアナログ値が「300」以上となった場合に踊る処理としていますが、周囲の環境によっては、なかなか反応しなかったり過剰反応したりします。そのときは、この値を調整しましょう。

　次の行は「if(dance ==0)」です。これは踊っているかどうかの変数「dance」が「0」、つまり踊っていない場合の処理です。
　この処理は、さらに次の行の「startTime=millis()」とセットになっていいます。
　「millis()」は、Arduinoが稼働してからの時刻をミリ秒単位で取得します。つまり、そのときの稼働時刻が「startTime」に設定されます。これを「踊り始めの時刻」として使います。

```
if(dance ==0){
    //踊り始めの時間をセットする。
    //millis()はArduinが起動してからの時間（ミリ秒）
    startTime=millis();
}
```

第13章　オモチャを作ろう

ここでポイントなのが、「dance」が「0」かどうかを判別して、「dance」が「0」のとき（踊っていないとき）にだけ、「startTime」に時刻をセットしているという点です。

もし、踊っている最中（「dance」の値が「1」）であれば、「startTime」は変更されません。

＊

続いての行は、「if(millis()-startTime < 10000)」です。

「millis()」は、いま説明したように、現在のArduinoの稼働時間をミリ秒単位で表わしています。

そして「startTime」は、踊り始めた時刻になります。

つまり、「millis()-startTime」は、「現在の時刻から踊り始めた時刻を引いたもの」、つまり踊っている時間となります。

「if(millis()-startTime < 10000)」は、踊っている時間が「10000ミリ秒」より小さい、つまり「10秒」より小さい場合に「if」の中を処理しなさい（「if」の中は踊るためのプログラムがあります）というものになります。

そして10秒を超えたなら、「else」を処理しなさい（こちらは踊り終えた後の処理が書かれています）という流れになります。

```
// 現在のミリ秒数から踊り始めの時間を引いて、10秒(10,000ミリ秒) 未満なら踊る
if(millis()-startTime < 10000){
    …踊るための処理
} else {
    …踊り終えたときの処理
}
```

①踊る処理

この処理の分岐の、まずは「if」の中、つまり「踊る処理」から説明しましょう。

踊る最初の行には「randumNum = random(20,160)」という処理があります。「random(○○,××)」は、「○○から××の間のランダムな数字を作る」という処理になります。

今回は、これを「randomNum」という変数に入れ、そのまま次の処理「groveServo.write(randumNum)」でサーボモータにランダム値を入れて動作させています。

[13-2] 「音センサ」に反応して踊る人形の仕組み

「groveServo.write()」は、すでに説明したように、「サーボモータ」の回転角を設定する命令です。

「randomNum」は「20〜160」のランダムな値となるということは、「サーボモータ」が「20°〜160°」のランダムな位置まで回るということです。

```
randomNum = random(20,160);   //ランダム値を20〜160の範囲で取得する
groveServo.write(randomNum);  //サーボモータにランダムで得た角度を入れる
```

今回「random」を使ったのは、踊りを毎回独自の形にするためです。

「0°〜179°」ではなくて、「random(20,160)」のように「20°〜160°までの範囲」でランダムに回転するようにしたのは、踊っているときは「ダンサー」が真横を向くことはなく、多少たりとも正面（観客側）を向かせるようなイメージにしたかったからです。

*

角度を設定したら、「delay(400)」で400ミリ秒、Arduinoを一時停止します。

```
delay(400);   //踊りの切り返し（0.4秒）
```

これを入れないと、すぐに次の「loop」が実行され、完全にサーボモータの回転が終わらないうちに次の角度の処理が入ってしまい、動きが極めて小刻みになってしまいます。

「delay」を入れることで「サーボモータ」の回転完了を待つことができ、リズム的にもよい感じになります。

なお、「delay」は、Arduinoのプログラムの進行を一時停止するだけで、制御は続きます。

「delay」の前に「サーボモータ」は指定角度まで回転する命令を受けているので、「delay」中も「サーボモータ」は回転します。

ところで、400ミリ秒の「400」の根拠ですが、理論的な意味はありません。いくつかの秒数でトライして、見た目に良さそうな値として選んだだけです。

*

こうして踊り始めたら「dance = 1」をセットし、処理がループした際に音を検知したとしても踊り始め開始時刻が上書きされないようにします。

```
dance = 1;    //踊っているフラグ「1」を設定
```

②踊り終えたときの処理

第13章 オモチャを作ろう

さて、これで踊る処理はできました。次は、踊り終わった後の処理です。

「踊り終わり」は、踊り始めてから「10秒以上」経っているときに実行されます。

10秒経った直後なら、まだ「dance」の変数は「1」となっているので、踊り終わった直後かどうかは、「if(dance==1)」で判定できます。

```
if(dance==1){           //踊り終えた直後の処理
  …踊り終えたときの処理…
}
```

踊り終えた直後の最初の処理は、「groveServo.write(90)」としています。これは、「サーボモータ」の位置を「90°」に設定するためのものです。

この命令が実行されると、「サーボモータ」が中央位置に移動し、この位置で人形は正面を向きます。

```
groveServo.write(90);    //踊り終えた段階で定位置（90°）に戻す
```

踊り終えた後、3000ミリ秒程度、「delay」を設置して処理を停止します。

```
delay(3000);            //踊り終えた後は3000ミリ秒待機
```

そうすることで、「踊り」と「踊り」の区切りを明確化します。

> **メモ** そうしないと、周囲の音が大きい環境では、踊りが終わるとともに音を再度拾って延々と踊り続けてしまい、音で反応しているのかどうかが、分かりにくくなってしまいます。

そして処理が終わったら、「踊り終えている状態」として「dance = 0」を設定しています。

```
dance = 0;              //踊り終えたフラグ「0」を設定
```

こうすることで、また「音センサ」で音をキャッチした後、そのときのArduinoの立ち上げからの時刻を再度「startTime」にセットすることで、「millis()-startTime」が10秒未満となり、踊り始めることができるようになります。

13-3 オモチャ・メイキング

　さて、今回作成した「音で踊る人形」ですが、基本的な構成とプログラムは、前述したとおりです。

　最後に参考として、どのようにしてこのオモチャを作成したか、メイキング紹介します。

　今までとは雰囲気が違いますが、気楽に読んでいただければと思います。

＊

　今回の「音で踊る人形」は、主に「100円ショップで手に入れられるもの」と「家庭にある道具類」で作成しています。

購入したものは
・タッパー（ステージとなるもので、Arduinoや電池が入る大きさのもの）
・人形
・補修用パテ（パイプなどの補修用）
・フェルト
・カラースプレー
・針金（できるだけ細いもの）
・モール
・ホログラム折り紙
・グルーガン
・ヤスリ
・キリ（穴を開ける道具なら可）
です。

　また、その他用意したものは、
・Arduino（「シールド」「サーボモータ」「音センサ・モジュール」）
・サーボモータ付属の樹脂アーム
・廃棄CD（回転台）
です。

第13章 オモチャを作ろう

■ ステージを作る

　深めのタッパーをひっくり返して、ステージに見立てました。
　天井部分(タッパーでいうところの底の部分)に、「サーボモータ」の回転部分を出せる穴を開け、「サーボモータ」の回転部分を天井部分から出して固定します。
　「サーボモータ」にねじ穴があるので、それに合わせて天井部分にドリルとカッターで穴を開け、針金で固定しています。

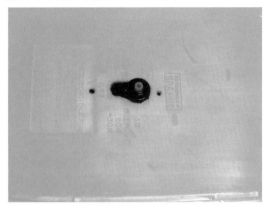

図13-3　サーボモータを取り付ける

　同様にして、「音センサ・モジュール」もタッパーに取り付けますが、今回は音の集音の関係でタッパーの外側に取り付けました。
　固定は、「サーボモータ」と同じく針金です。外側につけた「音センサ・モジュール」は目立たないように、後ほど金色のモールで覆い隠します。

図13-4　音センサ・モジュールを取り付ける

[13-3] オモチャ・メイキング

　Arduinoも同じくタッパーの内壁面に、針金で固定しています。
　なお、取り付けた後も、プログラムの修正を考慮しUSBケーブルを接続できるように配慮しています。

　「サーボモータ」と「音センサ・モジュール」を取り付けたら、タッパーの外装を飾ります。
　今回は「ホログラム折り紙」という、キラキラして見栄えの派手な紙を用いました。
　これをタッパーの外装部に貼付けてきらびやかにし、その後モールでさらに飾って、「ダンスステージらしさ」を演出しています。

図13-5　飾り付けする

■ ステージの回転台を作る

　次に、タッパーの天井部分から出た「サーボモータ」に、回転台を取り付けます。
　回転台は「廃棄CD」を使いました。
　「廃棄CD」に、「サーボモータ」付属の樹脂製パーツである長い「アーム」のようなパーツを取り付けます。
　「CD」と「樹脂製パーツ」を取り付けるために、「CDの中心」と「パーツの中心部」(「サーボモータ」の軸が差し込まれる部分)が合うようにし、棒状の「アーム」と「CD」を「グルーガン」で固定しました。
　「グルーガン」は、樹脂でモノを接着させる道具で、100円ショップでも売っ

第13章 オモチャを作ろう

ています。

「グルーガン」で「グルー」(樹脂棒)を溶かした後、「アーム」と「CD」の接合部に流し込んで固定します。

「グルーガン」で「CD」と「アーム」の樹脂部品をくっつけて回転台を作成したら、サーボモータに取り付けます。

■ 人形を作る

最後に、メインとなる「ニャントラボルタ」の人形です。

今回は、既製の人形にパテを盛って造形し、ヤスリで成型してカラーリング後、マジックで顔を描いています。

図13-6　人形を造形する

「カラーリング」は「カラースプレー」を使いましたが、乾燥には時間がかかります。

乾燥が不十分だと塗料が他の部品についたり、顔を描くときにマジックがにじんだりするので、充分に乾燥させる必要があります。

顔を描いた後は、フェルトで服を作成しました。

フェルトで作成した服は糸で縫い合わせ、グルーガンを使って人形に接着しています。

[13-3] オモチャ・メイキング

図13-7 服を着せる

「人形」「回転台」「ステージ」が出来上がったら、組み立てて完成です。

＊

　この章では、実際に、「動くオモチャ」を作ってみました。
　原理的には、音を検知したら「サーボモータ」を動かすだけというシンプルなものではありますが、実際に何かの目的をもって作成する場合、その目的に合ったプログラムが必要となることが多いです。
　そしてその目的を実現するためにあれこれ考え、実際にプログラムを作成し、修正していくことでプログラミングの技術が向上していきます。

　また、Arduinoはプログラミングだけではなく電子工作が伴うので、多くの物理的知識や部品知識も得ることができます。

　こうしてみると「多くのことを勉強しないといけないから大変だなあ」と思ってしまいますが、実際はそうではありません。
　なぜなら目的をもって作るArduinoの作品は、プログラム面からの解決を図ることもできれば、プログラムが苦手なら部品面の組み合わせを変えたりして別の解決を図ることもできたりと無限の数の解決方法があるからです。

　そのため、最初は知識がないまま作ったとしても、そこから問題が見つかって、自分なりの解決方法を勉強しながら見つけていけばよいのです。

　「勉強してからArduinoで作品を作る」ではなく、「Arduinoで作品を作りながら勉強していく」というのがArduinoのいい学習方法だと思います。
　皆さん、是非、いろいろなものを作ってみてください。

Appendix A
「Arduino IDE」をインストールする

Arduinoのプログラムを作るには、パソコンに「Arduino IDE」をインストールする必要があります。
ここでは、Windowsパソコンの場合を例に、「Arduino IDE」のインストール方法を説明します。

メモ ここでの手順は、本書執筆時（2017年1月）のものです。Webサイトの画面やインストール方法は、変更される可能性があります。

■ Arduino IDEのダウンロード

下記のURLにアクセスし、「Arduino IDE」をダウンロードします。Windowsの場合、「Windows Installer」をクリックしてください。

https://www.arduino.cc/en/Main/Software

図A-1 「Arduino IDE」をダウンロードする

Arduinoは寄付によってプロジェクトが成り立っているため、ダウンロードページに進むと、寄付するかどうかを尋ねられます。
賛同する場合は、金額のリンクをクリックすると、PayPalやクレジット

Arduino IDEのインストール

カードで寄付できます。

寄付せずにダウンロードするのであれば、[Just Download]をクリックしてください。

図A-2 寄付するもしくはそのままダウンロードする

■ Arduino IDEのインストール

ダウンロードしたインストーラを起動して、インストールしてください。その手順は、次のようになります。

【手順】 Arduino IDEのインストール

[1] ライセンスへの同意

ライセンスが表示されます。「GNU LESSER GENERAL PUBLIC LICENSE」で配布されています。

[I Agree]ボタンをクリックして、ライセンスに同意してください。

図A-3 ライセンスに同意する

附録　「Arduino IDE」をインストールする

[2] インストールオプションを指定する

インストールオプションを指定します。デフォルトでは、すべてをインストールする構成になっているので、そのまま[Next]ボタンをクリックしてください。

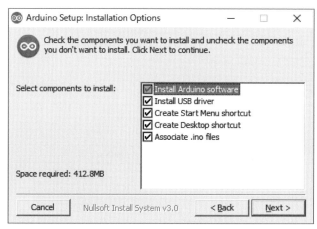

図A-4　インストールオプションを指定する

[3] インストール先を指定する

インストール先を指定します。ほとんどの場合、変更する必要はありません。そのまま[Install]ボタンをクリックしてください。

すると、インストールが始まります。

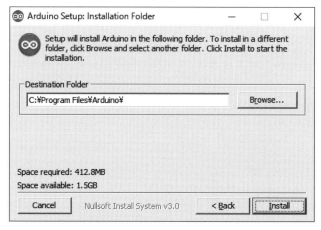

図A-5　インストール先を指定する